从新手到高手

短视频动画创作

从新手到高手

洪兴隆 / 编著

清华大学出版社

北京

内 容 简 介

本书主要介绍个人如何通过各种软件技术创作出属于自己风格的动画短视频作品。主要介绍一些创作动画短视频的常用软件和工具，并结合真实的实操案例，帮助读者创作出自己的动画短视频作品。

本书共 6 章，第 1 章从动画短视频的基础知识讲起，让读者对动画短视频有一个基本认知。第 2 章带领读者认识常用设计软件的基础功能，为后面的案例学习做准备。第 3 章补充了一些动画制作的理论知识。第 4～6 章除了对实操过程中的关键知识点进行归纳总结，每章都有对应的完整操作流程视频。

本书适合内容创作者、职业视频博主，以及想从事相关工作的人员阅读，也可以作为相关院校的教材和辅导图书。

图书在版编目 (CIP) 数据

短视频动画创作从新手到高手 / 洪兴隆编著 . -- 北京：清华大学出版社，

2025. 6. -- (从新手到高手). -- ISBN 978-7-302-69420-5

Ⅰ. TP317.53

中国国家版本馆 CIP 数据核字第 2025PK8084 号

责任编辑：陈绿春
封面设计：潘国文
版式设计：方加青
责任校对：徐俊伟
责任印制：丛怀宇

出版发行：清华大学出版社
    网   址：https://www.tup.com.cn，https://www.wqxuetang.com
    地   址：北京清华大学学研大厦 A 座   邮 编：100084
    社 总 机：010-83470000   邮 购：010-62786544
    投稿与读者服务：010-62776969，c-service@tup.tsinghua.edu.cn
    质 量 反 馈：010-62772015，zhiliang@tup.tsinghua.edu.cn
印 装 者：北京博海升彩色印刷有限公司
经 销：全国新华书店
开 本：188mm×260mm 印 张：10 字 数：343 千字
版 次：2025 年 8 月第 1 版 印 次：2025 年 8 月第 1 次印刷
定 价：69.00 元

产品编号：104586-01

这是一个短视频时代。只要拥有一部可以联网的手机和一个社交平台的账号，每个人都可以成为一名博主。

虽然每个人都知道平台需要优质内容，这样才有可能获得更多流量，但真的要去创作时，大家又会茫然起来。

如果把创作能力分为"道"和"术"两个方向，那些"网感"好、天生幽默、颜值高、有观众缘的人显然属于前者，而在内容中通过叠加某些技术，让自己的内容更加别具一格则属于后者。

于是，动画短视频出现了。

截至目前，动画短视频已经成为内容平台的一个大分支。很多人一提到动画，就会觉得好难，但我们做的不是专业的动画片，在细节上的要求标准不那么苛刻，通过一段时间的学习也可以做出自己的动画短视频。

编写目的

本书可以帮助内容的创作者使用动画短视频来创作内容。本书精选了几个内容平台中比较主流，且难度适中的动画短视频形式，可以通过边学边做的方式，创作出自己的小作品，最终慢慢成为一个动画短视频赛道的内容创作者。

内容安排

章	内　容
第 1 章　什么是动画短视频	介绍动画短视频的基本概念、常见类型、实现手段、制作流程等基础知识
第 2 章　制作动画短视频的常用工具	介绍制作动画短视频需要用的硬件和软件
第 3 章　动画短视频制作的 5 个关键知识点	介绍制作剧情动画时需要掌握的一些关键理论知识
第 4 章　制作 Deekay 风格的剧情动画	介绍如何使用 Illustrator 和 After Effects 软件制作 Deekay 风格的剧情动画
第 5 章　制作搞笑小剧场动画	介绍如何使用 Photoshop 和 After Effects 软件制作搞笑小剧场动画
第 6 章　制作动态漫画短视频	介绍如何使用 AI 工具、Photoshop 和 After Effects 软件制作动态漫画风格的短视频

本书特色

本书主要采用以案例为主的编写模式。从第4章开始，每章都会制作一个完整的动画短视频。这样读者在学完这几章内容后，也能做出动画作品。

对动画短视频来说，动画技术只能解决一部分问题，一个动画短视频的数据怎么样，跟账号的定位、内容运营、账号运营等要素也息息相关。尤其在前期，辛辛苦苦创作的内容数据一般，甚至很差也属于正常现象，希望读者保持耐心，最终摸索出自己的创作方向和内容风格。

本书的配套资源请扫描下面的配套资源二维码进行下载，如果有技术性问题，请扫描下面的技术支持二维码，联系相关人员进行解决。如果在配套资源下载过程中碰到问题，请联系陈老师，联系邮箱：chenlch@tup.tsinghua.edu.cn。

配套资源

技术支持

编者

2025年6月

短视频动画创作从新手到高手

目录

第1章
什么是动画短视频

很多人对动画短视频的印象可能就是好玩、有趣，但动画短视频有多少种类型？背后的商业价值有多大？制作流程又是怎样的？本章将系统地讲解动画短视频。

1.1　动画短视频的商业价值

动画短视频本身具有天然的趣味性，很符合以娱乐消遣内容为主的各大短视频平台，所以有些"自带流量"的属性。

经验丰富的内容运营者会将自己的动画短视频运营成为一个商业IP，进而产生更大的商业价值。2023年，天猫发布的"2023 IP成交势力榜"中，有些短视频动漫IP的排名甚至超过了"钢铁侠"这类经典海外IP。所以，动画短视频的潜力还是很大的。

除此之外，各大内容平台也会提供相应的扶持，例如抖音就有专门的"轻漫"板块。目前"轻漫"话题的播放量已经超过3800亿，并且还在继续增长，如图1-1所示。

图 1-1　抖音轻漫计划

动画短视频的变现方式从渠道来划分，可以分为平台内和平台外。在体量和知名度还没做大之前，平台内变现显然是更简单有效的方式。

以抖音平台为例，动画短视频账号可以用"星图广告"和"电商带货"的方式获取收益。

1.1.1　星图广告变现方式

星图广告的变现方式为，注册"巨量星图"之后，通过"巨量星图"完成广告植入任务来获得收益。收益的多少主要通过广告视频的各项数据来计算，如图1-2所示。有的轻漫类账号通过"巨量星图"完成了上百个任务，广告收入已经超过了3000万元。

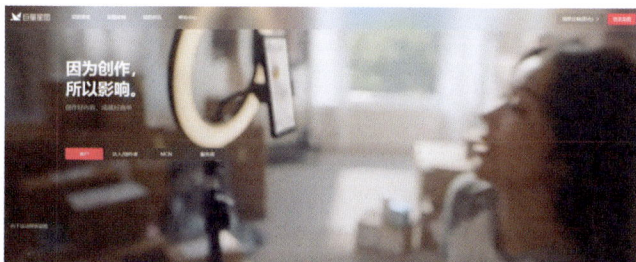

图 1-2　"巨量星图"主页

1.1.2　电商带货变现方式

抖音目前已经不再是纯粹的内容平台，更像是一个内容电商平台。商家可以在抖音开设店铺，平台用户在店铺下单购物。短视频创作者则可以开通橱窗功能，将商家发布的优质商品放到自己的橱窗，只要有粉丝点进自己的主页，通过橱窗购买商品，创作者就可以获得佣金。

如果用户有自己的产品，也可以在抖音开设店铺，然后将产品挂到自己抖音主页的橱窗上，如图1-3所示。

图 1-3　在主页橱窗中挂商品

相比平台内变现，平台外变现的难度要大一点。如果动画的IP已经产生了一定影响力，就可以接广告，甚至做代言。

例如虚拟人IP柳夜熙就曾和康师傅茉莉清茶深度合作过，如图1-4所示；IP"兔克兔克"曾和其他品牌品类做过授权联名；IP"王蓝莓"甚至推出过一个名叫《王蓝莓的幸福生活》的游戏，一度升至iOS免费榜TOP1……

图 1-4　柳夜熙和茉莉清茶海报

由此可见，只要内容产生足够的影响力，变现的方式也会随之增多。即使影响力一般，只能做一个腰部博主，依靠平台内的各种变现方式也能获得不错的收益。

短视频从制作形式上可以简单分为实拍类短视频和动画短视频。实拍类短视频是以手机或相机镜头拍摄内容，再进行剪辑和制作的短视频，动画短视频则是用计算机或手机软件制作的以动画为主要内容的短视频。

动画短视频主要有以下优势。

- 可以呈现一些实拍成本比较高的场景，如微观世界、太空世界等。
- 可以任意定义自己视频中的主角，不一定是人，也可以是动物，如可爱的兔子、小狗、小熊等。
- 内容创作的限制较少，只要能画出来的，基本都可以做成动画。

当下短视频平台中比较流行的动画短视频分为以下三类。

- 以动画形象二次还原热门段子的动画短视频。比较有代表性的博主，如"乖巧宝宝Quby"，如图1-5所示。
- 原创的剧情动画短视频比较有代表性的博主，如"劲小郑"，如图1-6所示。
- 科普动画。比较有代表性的博主，如"叫叫科普乐园"，如图1-7所示。

图 1-5 "乖巧宝宝 Quby"作品截图

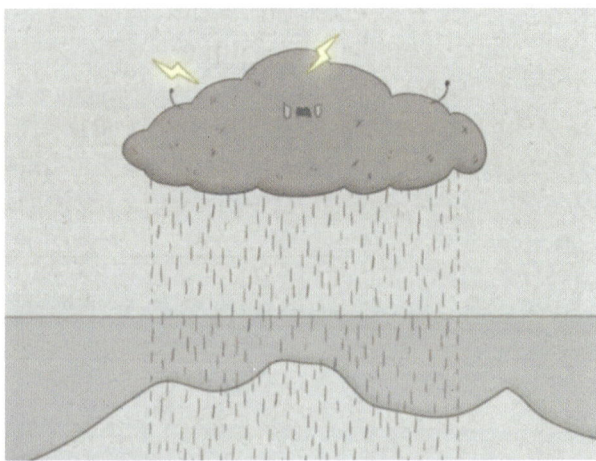

图 1-6 "劲小郑"动画作品截图

图 1-7 "叫叫科普乐园"作品截图

从动画风格上，动画短视频又可以分为3D动画和2D动画，如图1-8和图1-9所示。从制作门槛上来说，前者的门槛相对较高。但从制作成本上来说，3D动画的成本未必就比2D动画高，因为3D动画中的人物和场景物料的复用性更强。

图 1-9 "我的爸爸是条龙"作品截图　　图 1-8 "虎墩儿"作品截图

1.3　动画短视频的制作流程

　　3D风格动画短视频和2D风格动画短视频，在制作流程上会有些许差异，本书重点介绍更适合小团队甚至个人创作者的2D风格动画短视频制作流程。

　　制作一个动画短视频之前，首先需要准备一个脚本，脚本可以找专业的编剧编写，也可以自己根据网上的热门段子改编。好的创作一定来源于生活，也可以把自己生活中的故事改编成一个脚本。

　　由于动画短视频的时长不会太长，一般是1～2min，所以其脚本也不宜写得太长。

　　确定好脚本之后，就可以根据脚本内容绘制分镜草图。草图模板既可以网上下载，也可以自己根据网上的模板做删减调整。可以用计算机、平板绘制，也可以用纸笔绘制。分镜一般包含画面（PICTURE）、行为描述（ACTION）、旁白/对话（DIALOGUE）、时间（TIME）等要素，如图1-10所示。

图 1-10　绘制分镜草图

草图确定后，就要画完成度比较高的分镜。由于分镜里的素材会导入动画软件制作动画，所以在绘制时既要确保草图中没有低级错误，也要确保要做动画的部分进行了分层。图1-11所示为用Adobe Illustrator绘制的分镜。

图 1-11　Adobe Illustrator 绘制的分镜

完成分镜绘制后，下一步进行动画制作。使用不同的软件，制作动画的流程也不相同。下面介绍使用After Effects制作动画的流程。

（1）绘制高保真分镜。使用Adobe Illustrator或者Adobe Photoshop根据分镜草图绘制出高保真分镜。

（2）将高保真分镜导入After Effects。将绘制好的高保真分镜导入After Effects，如果分镜中包含人物且需要制作肢体动画，就要绑定骨骼。

（3）制作主角动画。根据分镜里的"行为描述"制作人物的动作动画。

（4）制作主角的细节动画。根据人物的动作制作一些细节动画，如人物的动作是晕倒，那晕倒时头上可能要做一些表示眩晕的小星星作为修饰。

（5）制作环境动画。根据分镜草图完善环境中的一些细节元素，如背景里的正在睡觉的小动物、空中飞舞的树叶等。

（6）整合分镜。制作好每个分镜的动画之后，需要将所有的分镜整合起来。整合时需要根据剧情内容、想要表达的情绪选择合适的转场。

（7）配音。配音主要包含对白/旁白、音效、背景音乐。

● 旁白/对白：制作口型动画时，就要大概计算对白持续时间，尽量保证口型动画和对白时间一致，否则在配对白时可能要做裁剪，会增加额外的工作量。

● 音效：添加音效时则需要注意卡点，保证音效和画面的一致性。音效的响度不宜过大，以免影响对白/旁白。

● 背景音乐：背景音乐则需要根据情况添加，并不是要全程有背景音乐。但在一些渲染情绪的地方一般都要添加背景音乐，这样能更好地让观众感知到创作者表达的情绪。而且尽量要注意音乐情绪和画面表达的情绪的一致性。

很多人会忽略音效和背景音乐的重要性，但它们几乎是一个剧情短视频里不可或缺的一部分。

动画短视频的制作流程如图1-12所示。

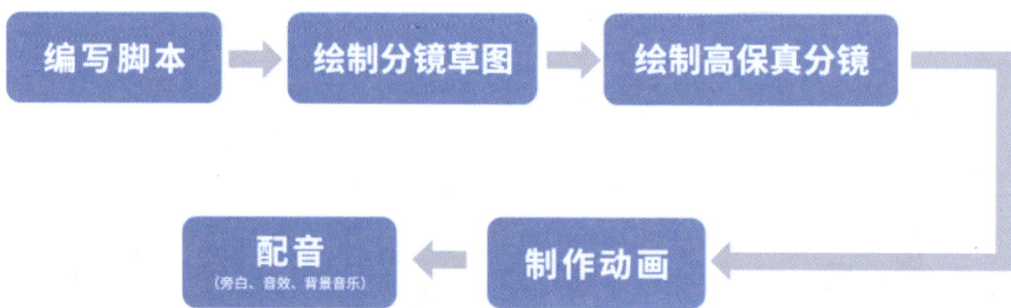

图 1-12　动画短视频的制作流程

1.4　动画短视频涉及的软件和技能

动画短视频制作（不包含账号运营和脚本编写）涉及的技能，总体而言更偏向于设计。如果创作者本来就是设计行业的从业者，如平面设计师、动效师、剪辑师等，或者在学生时代有过美术学习的相关经验，那学习制作动画短视频的效率更高。

没有相关经验也没有关系，动画短视频的制作对每方面的能力要求都不算特别高，需要掌握的技能程度也不会太深，并且本书介绍软件时，会尽量挑容易入门的软件来讲。总体而言，学习的难度不是很大。

动画短视频的制作主要涉及哪些软件和技能呢？

想要解决这个问题，可以回忆1.3节学的制作流程，因为软件和技能基本都是完成流程里每个环节的工具。

编写脚本略过，从绘制分镜草图开始就要用到软件了。

1.4.1　分镜草图

由于草图对画面完成度的要求不是很高，可以在纸上绘制，也可以用iPad、Photoshop，甚至计算机自带的画图软件绘制，画完再将它们贴入分镜表里。

这一步对绘画的要求不是很高，即使没有美术基础，也可以画个大概。

1.4.2　高保真分镜

有了分镜草图之后，就可以根据分镜草图来绘制高保真分镜。如果后期用来制作动画的软件是After Effects（AE），那这一步可以选择使用Photoshop（PS）、Illustrator（AI）或者iPad上的Procreate，如图1-13所示。这三种软件都可以导出分层的PSD文件，而分层的PSD文件可以直接导入After Effects中制作动画。

Illustrator　　Photoshop　　Procreate

图 1-13　可以用来绘制高保真分镜的三个常用软件

如果手绘能力较差也没关系，本书后面几章会着重介绍一些不太需要手绘能力的绘制方法。

除了自己手绘，还可以使用从网络上下载的素材制作动画，但是这些素材多为一个图片文件，没有进行分层，这样在制作一些比较细致的动画时就难以操作。

这时候需要先用Photoshop对图片进行分层处理，处理完成后再导入After Effects制作动画。分层处理的方法和技巧后面会展开讲解。

1.4.3　制作动画

目前市面上可以用来制作2D动画的软件有很多，不同的动画软件也有各自的特点。比较常见且被大家熟知的就是Adobe Animate（An）。除了An，还有很多其他的2D动画软件，如Toon Boom Harmony、Pencil 2D、Moho Pro、Synfig、Krita、Opentonnz等，如图1-14所示。

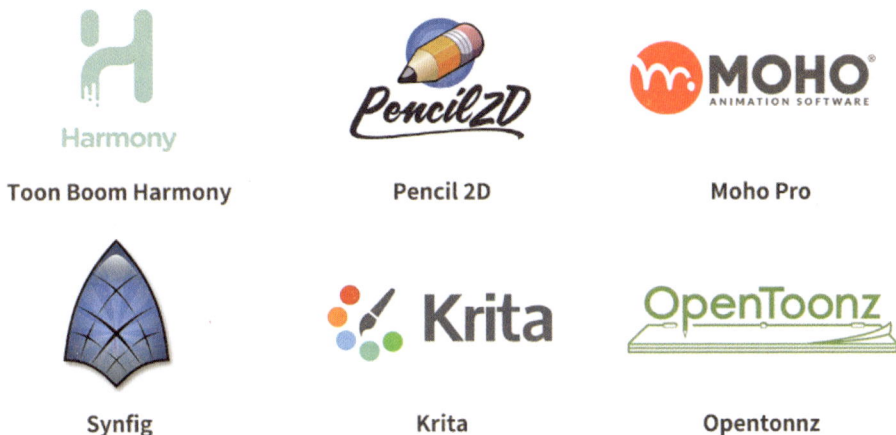

Toon Boom Harmony　　**Pencil 2D**　　**Moho Pro**

Synfig　　**Krita**　　**Opentonnz**

图 1-14　几个常见的动画软件

这些2D动画制作软件也存在着一些问题。

首先，对于初学者而言，这些软件的学习门槛比较高，因为功能强大通常意味着软件操作体系复杂，进而就会导致学习成本高；其次，不同于3D动画，2D动画在创作过程中更加注重色彩、线条等细节上的处理，这对创作者的审美和手绘能力都提出了更高的要求。

同样是由Adobe公司推出的After Effects，作为一款特效软件，这几年却越来越多地被应用在了2D动画领域。

一方面是它的软件逻辑可以大幅减少重复工作，用K帧代替补间绘制大大提升了工作效率；另一方面是它可以将绘制好的素材直接处理成动画，这样对一个没有手绘能力且审美一般的初学者来说，制作动画的门槛就大大降低了。

只要创作者能制作出质量过关的分镜素材，就能使用After Effects制作出效果尚可的动画。

本书重点介绍如何使用After Effects制作2D动画。

即使能熟练使用软件，也拥有了高质量的高保真分镜，也不意味着就能做出合格的动画，还需要充分理解动画法则和运动规律，这些内容都会在后面讲解，请务必重视这些理论知识。

1.5　制作动画短视频应该具备哪些能力

动画短视频和传统意义上的2D动画肯定是有差别的，虽然形式相似，但观众的观看场景、动画的播放平台最终导致它们还是有很多差别。

作为个人创作者，想要制作动画短视频应该具备哪些能力呢？

1.5.1　内容层面

目前短视频平台播放数据好的2D动画大致可以分为三类：能引发观众共鸣的段子类、趣味搞笑类以及情感类。当然，某些作品会同时具备以上三个特征，这样的作品数据自然也会更高。

如果没有专业的剧本写作能力，尤其是在前期，可以将一些网络上的流行段子进行改编后作为自己的动画剧本，如图1-15所示。

模仿改编　➡　从生活中提炼　➡　自己创作

图 1-15　剧本创作的 3 个阶段

作为一个内容创作者，内容创作能力是我们的核心竞争力。后期随着创作经验的丰富，可以试着将自己日常生活中的一些趣事改编成剧本，接着就可以慢慢开始创作自己的动画剧本了。如果想进一步提升，也可以学习一些与剧本创作相关的知识。

还有一种说法是，想要提升自己的短视频内容创作能力，就要锻炼自己的"网感"，所谓"网感"，就是对一个内容是否有"火"的潜力的直觉感受。随着持续地创作内容，我们的动画创作经验其实就会慢慢形成一种"网感"，因为每一个作品都会有各项清晰的数据反馈，所以只要持续创作，随着内容创作能力的提升，"网感"自然也会越来越强。

1.5.2 技术层面

一提到技术，很多人就会想到软件操作，但软件操作只是技术里的一部分。做好动画短视频则需要具备三个能力，如图1-16所示。

导演能力　　　　**审美能力**　　　　**软件操作**

"把故事讲得好"　　"让画面更有质感"　　"提升执行效率"

图 1-16　做好动画短视频应该具备的三个能力

首先，对一个剧情类的影视作品来说，优先要解决的问题，就是如何把脚本里的故事讲得足够吸引人。建议大家在前期一边做，一边学"讲故事的能力"，如果到了后期，感觉自己这方面的能力成长遇到了瓶颈，可以再去系统性地学习。

其次就是审美能力，如果审美足够好，即使和他人用相同的软件画相同的高保真分镜，自己的分镜也会在构图、配色、质感上比其他人高出一截。审美能力的提升基本只能靠后天训练，也就是多看、多模仿、多练习。往往就是做得多了，自然就会做得好。

最后才是软件操作层面，对软件更熟悉的人，在绘制分镜或者制作动画时，效率肯定更高。软件也是同理，操作的越多越熟练，越熟练效率就越高。如果用After Effects软件制作，那它本身的软件逻辑就可以大幅减少重复的工作。

1.6　本章小结

本章的前半部分主要带领大家相对系统全面地了解动画短视频，后半部分则从一个创作者的角度，梳理了动画短视频的一般制作流程，以及作为一个动画短视频创作者所需要的各项能力。

这些能力可能创作者现在还不具备，但是通过后面的学习以及不断地创作实践，都会慢慢掌握。

第2章
制作动画短视频的常用工具

制作动画短视频不仅会使用到平面设计、动画制作和视频剪辑软件，还会涉及一些硬件，例如自己录制旁白，就需要准备麦克风或者手机。

本章将全面系统地讲解制作动画短视频要用到的各种工具。

2.1 音频素材的获取

动画短视频涉及的音频有两类，一类是人声，另一类是非人声，非人声主要指音效和背景音乐。人声可以选择自己录制，也可以选择使用软件生成。音效和背景音乐则在网络上寻找现有的素材。

2.1.1 人声素材获取

1. 麦克风录制

不同品质的麦克风录制出来的声音效果会有差异。市面上低到十几元，高到几千元的麦克风都有。一般来说，价格越高，意味着录音品质越好。不同类型的麦克风如图2-1所示。

骑士黑 3.5标准版

图 2-1 不同类型的麦克风

可以用麦克风连接计算机完成声音录制，也可以连接手机完成声音录制。注意，并不是所有的麦克风都既能连接计算机，又能连接手机。建议购买前向商家询问清楚。

如果用麦克风连接手机录制，则需要打开手机自带的录音软件，确保麦克风已经连接上手机，点击开始录制即可，如图2-2所示。

图 2-2 苹果手机的"语音备忘录"可以用来录制声音

录制完成后，可以通过APP自带的分享功能，将音频文件传送到计算机，准备用于后期制作。

如果使用计算机录制，则可以使用系统自带的录音功能。以Windows系统为例，在桌面下方的搜索栏搜索"录音机"，即可找到系统自带的录音软件，如图2-3所示。

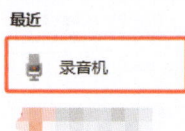

图 2-3　系统自带的录音软件

使用时需要注意，在左下角的麦克风设备中，选择用来录音的麦克风，再单击"录制"按钮开始录制，如图2-4所示。

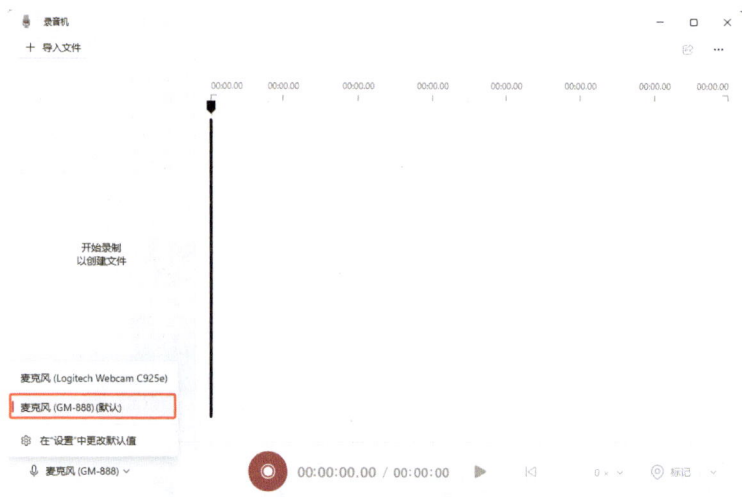

图 2-4　选择录音设备

录制完成后，右击录制好的文件，在弹出的快捷菜单中选择"在文件夹中显示"选项，就可以找到录好的音频文件，如图2-5和图2-6所示。

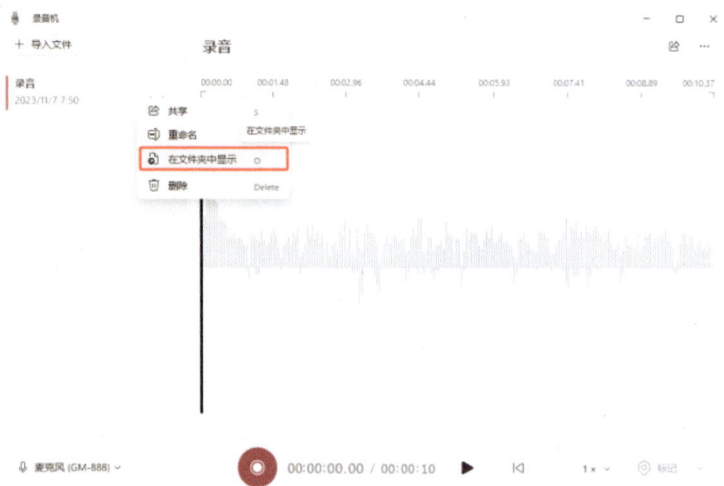

图 2-5　打开快捷菜单

图 2-6　找到音频文件

2. 软件生成

如果不想使用麦克风录制旁白，可以选择使用软件来生成。目前市面上可以用来生成旁白的软件有很多，在搜索引擎中搜索"AI配音"就能搜索到很多工具，有付费的也有免费的，如图2-7所示。

另外，在微信中搜索，也可以搜索到很多配音小程序，如图2-8所示。

图 2-7　在搜索引擎中可以搜索到很多配音软件　　图 2-8　在微信小程序中搜索到的配音小程序

应该怎么选择配音软件呢？

笔者推荐腾讯智影中的配音功能，下面介绍如何使用腾讯智影来配音。

（1）在搜索引擎中搜索"腾讯智影"，找到官网入口，进入"腾讯智影"主页，如图2-9所示。

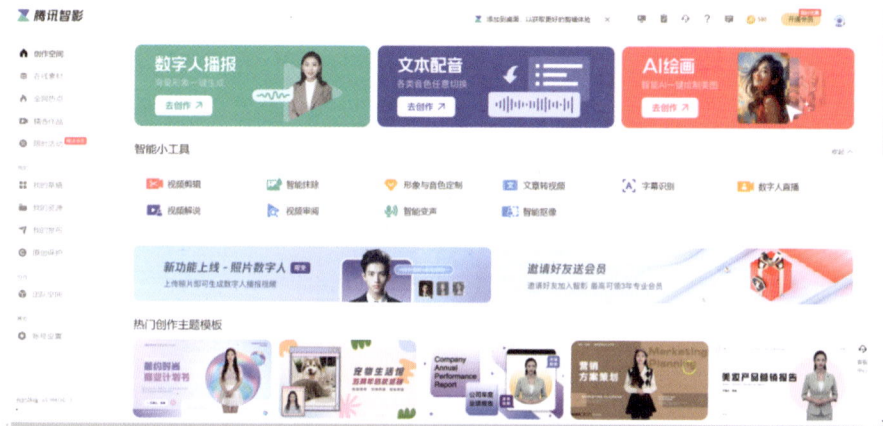

图 2-9　"腾讯智影"主页

（2）单击主页上方中间的"文本配音"入口，如图2-10所示，进入"文本配音"的功能页面，如图2-11所示。

图 2-10　"文本配音"入口

文本配音

图 2-11 "文本配音"功能页面

（3）单击"新建文本配音"按钮，即可开始制作配音视频。

（4）在文本输入区，可以输入旁白或对白的文字稿，如图2-12所示。

图 2-12 输入文字稿

（5）如果想要在旁白中插入停顿，可以将光标放置到需要停顿的地方，单击上方的"插入停顿"按钮；如果想要给某一段话加速，则可以先选中这段话，再单击上方的"局部变速"按钮，如图2-13所示。

图 2-13 单击"局部变速"按钮

（6）如果想要切换某个多音字的读音，也可以在选中该字的基础上，单击上方的"多音字"按钮进行修改。其他类似的功能不再赘述，可以自己尝试体验，操作上总体而言难度不大。

（7）除了修改旁白本身的内容，还可以给旁白添加"音效"和"背景音乐"，如图2-14所示。

图 2-14 给旁白添加"音效"和"背景音乐"

（8）如果对声音不满意，也可以单击右上角的人物名称进行切换，如图2-15所示。

图 2-15　切换配音

（9）选好之后，单击右下角的"确定"按钮，再单击右上角的"试听"按钮，就可以试听修改后的声音效果。

（10）所有内容都调整完毕后，单击右上角的"生成音频素材"按钮，就可以生成音频文件，如图2-16所示。

图 2-16　生成音频文件

（11）在跳转到的新页面中，选中刚刚制作的音频，单击上方的"下载"按钮，就可以把做好的旁白音频文件下载到自己的计算机中，如图2-17所示。

图 2-17　下载生成好的音频文件

13

2.1.2　非人声素材获取

1. 音效

音效获取推荐使用剪映专业版。剪映专业版中整合了大量的音效素材。打开软件后，单击左上角的"音频"按钮，再单击左侧的"音效素材"就可以看到各种音效素材，如图2-18所示。通常情况下，可以在上方的搜索栏直接搜索想要的音效，找到后，直接拖到下方的时间轴即可开始使用。

图 2-18　音效素材

2. 音乐

音乐素材获取也可以使用剪映专业版。单击左上角的"音频"按钮，再单击左侧"音乐素材"就可以看到各种音乐素材，如图2-19所示。单击后会自动播放当前音乐，试听后觉得合适就可以将它拖到时间轴上使用。

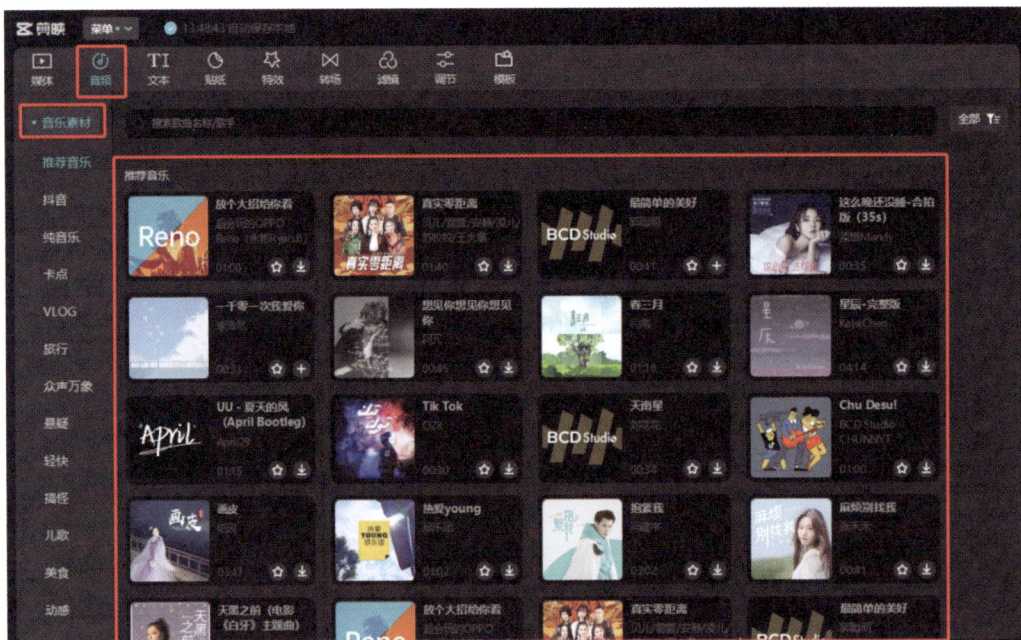

图 2-19　音乐素材

Adobe Photoshop（PS）是由Adobe公司出品的一款专业的图像处理软件，如图2-20所示。软件功能强大、功能繁多，想要真正掌握需要耗费大量时间和精力。本书只介绍制作动画短视频要用到的部分功能，这样可以大大提升学习效率。

图 2-20　Adobe Photoshop 软件图标

2.2.1　Photoshop 的软件版本选择

截至目前，Photoshop已经更新到了2024版本，版本越新，功能越强大，使用体验也越好，但是稳定性通常也会越差。由于只需要用到一些相对常用的功能，建议大家在学习时安装2020及以上版本。

2.2.2　新建文档

文档可以理解成Photoshop创建的一种容器，无论要做一张海报，还是画一个分镜，都需要先有一个文档。

Photoshop中的文档有多个属性，如尺寸、分辨率、颜色模式等，对于不同的应用场景，需要创建不同场景的文档。例如创建一张A4大小的传单，文档尺寸应该是A4大小，颜色模式应该是印刷用的CMYK，分辨率至少在150像素/英寸以上。

如果做的是剧情动画，给动画绘制高保真分镜时，创建的文档大小应该是最终输出视频的尺寸。假设要做一个横屏视频，即1080P的视频，创建文档时就要设置"宽度"为1920px、"高度"为1080px、"分辨率"为72、"颜色模式"为"RGB颜色"，如图2-21所示。

图 2-21　设置文档参数

打开Photoshop，执行"文件"|"新建"命令，弹出"新建文档"窗口，如图2-22所示。

15

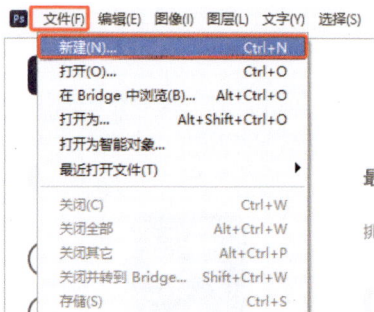

图 2-22　新建文档

　　如果要制作一个竖屏视频,在新建文档时,设置"宽度"为1080px、"高度"为1920px。颜色模式的选择只需要记住,如果做的成品要在屏幕上显示,无论是计算机屏幕还是手机屏幕,就选择RGB颜色模式,分辨率设置为72。只有在制作需要打印出来的成品时,才会将颜色模式设置为CMYK颜色模式。

2.2.3　打开文档

　　执行"文件"|"打开"命令,就可以浏览想要打开的PSD文档或图片,如图2-23所示。

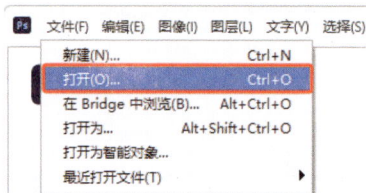

图 2-23　打开文档

2.2.4　置入文件

　　打开或新建一个Photoshop文档后,想要导入外部素材,需要用到"置入"功能。执行"文件"|"置入嵌入对象"命令,如图2-24所示,就可以将外部的图像素材置入当前的PSD文件中。

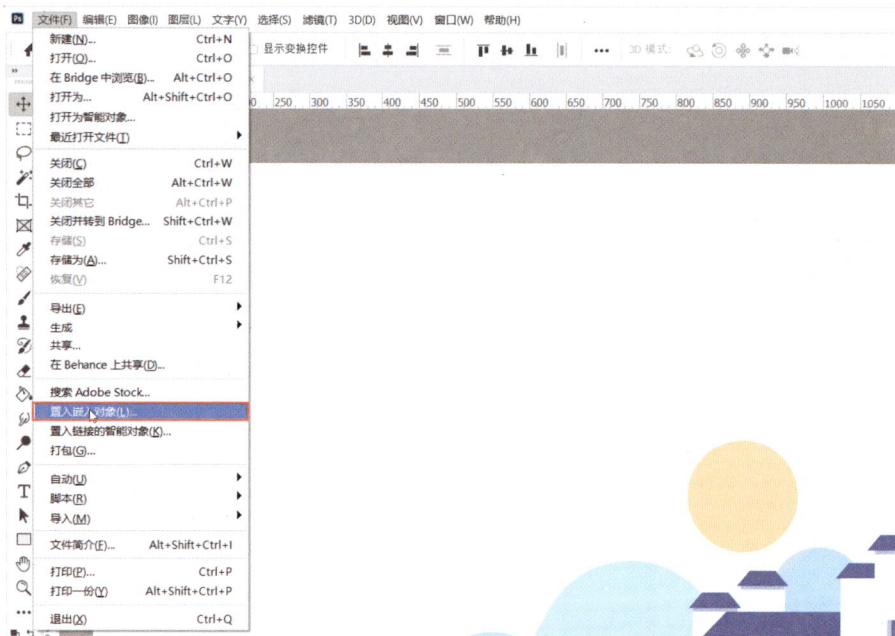

图 2-24　置入外部素材

　　置入之后,在菜单栏下方会出现两个按钮,如图2-25所示。左侧的◎为"取消"按钮,如果发现置入对象错误,可以单击此按钮取消;右侧的✓为"确认"按钮,单击之后即可完成置入动作。

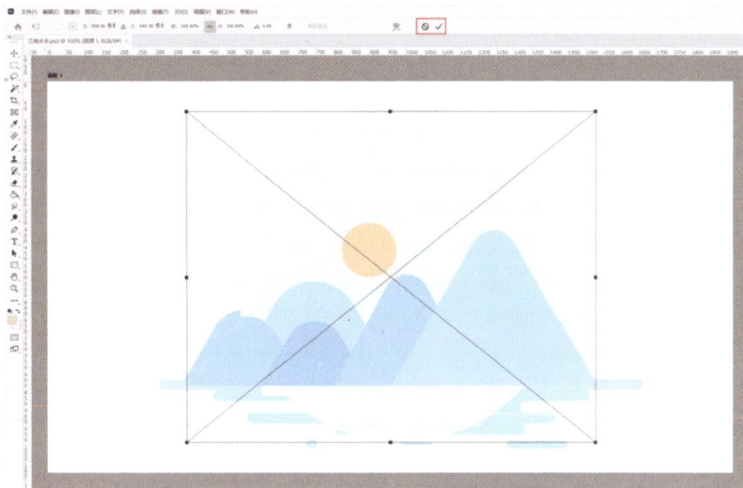

图 2-25 "取消"和"确定"

2.2.5 保存文件

想要保存修改后的文件，按Ctrl+S组合键直接保存即可，如图2-26所示。这类复杂软件随时都有崩溃的可能，所以要养成随时保存的习惯。

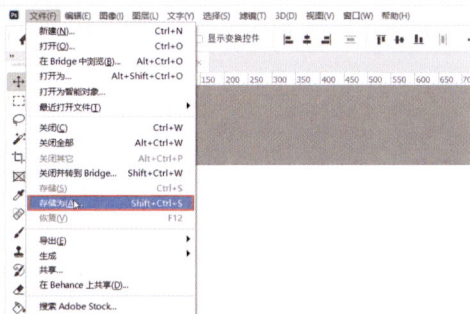

图 2-26 保存文件

如果想保留修改之后的文件，可将后来的修改内容保存为另一份新的文件，可以执行"文件" | "存储为"命令（组合键Ctrl+Shift+S）。

2.2.6 关闭文件

单击文档上方名称后面的"关闭"按钮×，如图2-27所示，可直接关闭该文件。

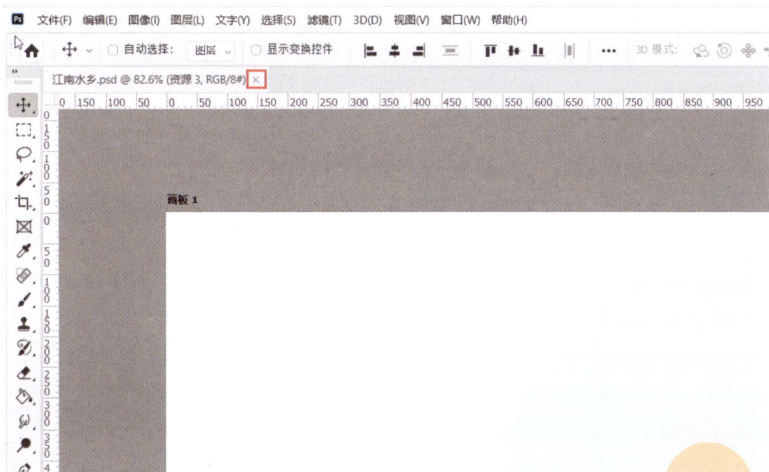

图 2-27 关闭文档

执行"关闭"命令后，如果对当前文档做了修改之后没有保存，则会弹出提示窗口，询问是否要保存该文件，如图2-28所示。如果想保留之前所做的修改，单击"是"按钮；如果不想保留之前所做的修改，单击"否"按钮，文档会恢复到上一次执行保存命令前的状态；如果此时不想关闭该文档，则单击"取消"按钮。

图 2-28　提示窗口

2.2.7　辅助工具

执行"窗口"|"标尺"命令，或者按Ctrl+R组合键，即可调出Photoshop的标尺工具。长按左侧标尺处即可拉出一条竖着的参考线；长按顶部标尺处即可拉出一条横着的参考线，如图2-29所示。

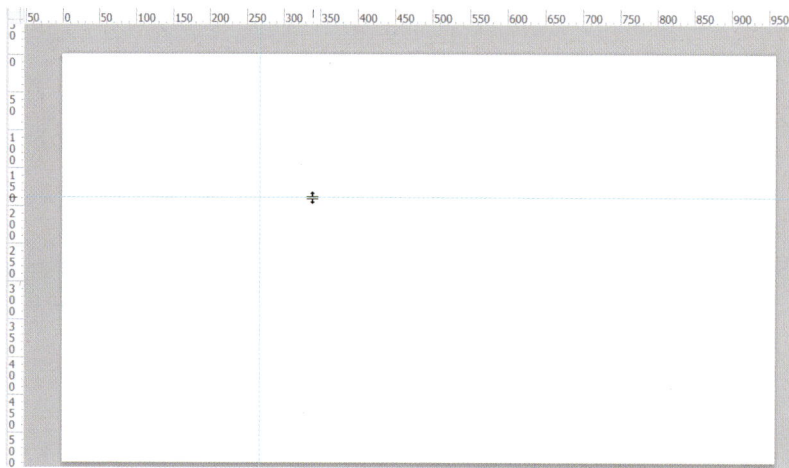

图 2-29　在文档中绘制参考线

如果参考线的位置已经确定，暂时不会再修改，可以执行"视图"|"锁定参考线"命令（组合键Alt+Ctrl+;），将参考线锁定。

如果画面中的参考线过多，可以执行"视图"|"清除参考线"命令，将所有的参考线清除。

按住Alt键单击创建好的参考线，可以实现横竖参考线切换。

2.2.8　图层的应用

图层是Photoshop中一个非常重要的概念，尤其是一些复杂效果，都要基于图层才能实现。想要用好Photoshop，就一定要学会应用Photoshop的图层。

1．创建图层

单击"图层"面板下方的"新建图层"按钮⊞（组合键Ctrl+Shift+N），可以在当前文档中新建一个图层，如图2-30所示。

图 2-30　"新建图层"按钮

在"图层"下拉列表中可以新建多种类型的图层，除了普通图层，还可以新建填充图层和调整图层，如图2-31所示。

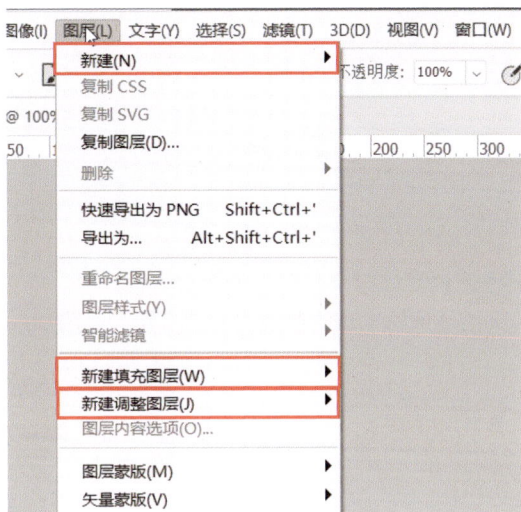

图 2-31　其他新建图层选项

2. 编辑图层

（1）调整图层顺序。

在Photoshop中，图层的顺序会直接影响最终的呈现结果。在"图层"面板中，处于较上层位置的图层包含的元素，最终呈现时也会出现在画面的较前面，如图2-32所示。

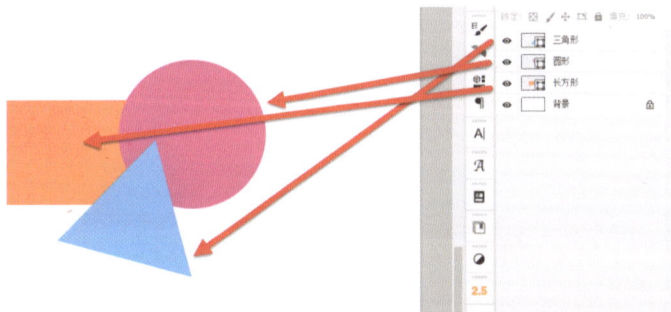

图 2-32　图层顺序对画面显示效果的影响

选中"图层"面板的某个图层，按住鼠标上下拖动，即可调整图层的顺序，进而改变最终呈现的效果，如图2-33所示。

图 2-33　上下拖动图层会影响显示效果

（2）图层的可见性。

单击图层最左侧的"指示图层可见性"图标●，可以控制图层是否显示。单击"眼睛"图标后，隐藏的图层将不会在画面中出现，如图2-34所示。

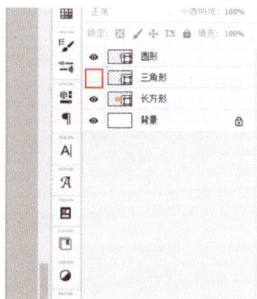

图 2-34 隐藏某个图层

控制图层的"不透明度"属性，也可以影响图层在画面中的可见性。单击"图层"面板上方的"不透明度"属性，调整其数值，就会看到该图层的不透明度正在发生变化，如图2-35所示。

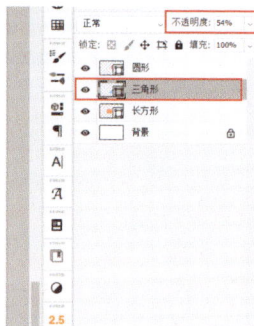

图 2-35 调整图层的"不透明度"

当"不透明度"为"0"时，当前图层完全不可见。

（3）复制图层。

右击图层，在弹出的快捷菜单中选择"复制图层"选项，即可复制出一个当前图层。通常情况按Ctrl+J组合键来完成复制当前图层的操作，如图2-36所示。

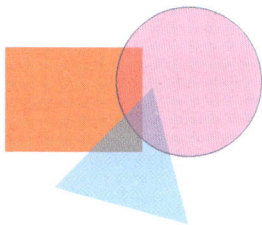

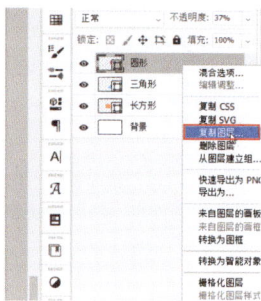

图 2-36 复制图层

（4）删除图层。

选中图层后，按Delete键，即可删除该图层。也可以右击图层的空白处，在弹出的快捷菜单中选择"删除图层"选项进行删除操作，如图2-37所示。

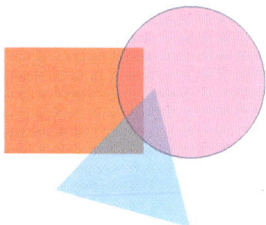

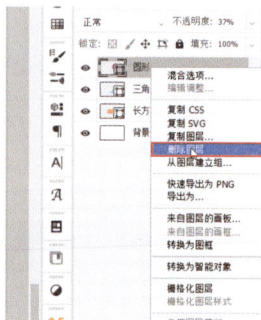

图 2-37 删除图层

2.2.9　排列与分布图层

当文档的图层较多时，有时会需要将不同图层上的元素进行排列和分布的操作。使用前面介绍的标尺和参考线功能，虽然也能达到目的，但过程比较麻烦，这时可以用到Photoshop的排列和分布功能。

先将当前工具切换为"移动工具"✛️，就可以在菜单栏下方的工具属性栏看到对齐和排列工具组，如图2-38所示。

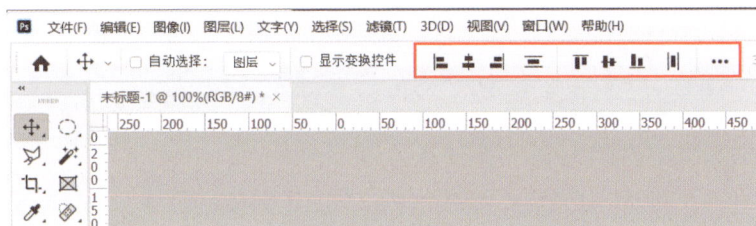

图 2-38　对齐和排列工具组

按住Ctrl键，依次单击需要对齐的图层，然后再单击对齐工具，即可实现元素的对齐排列，如图2-39所示。

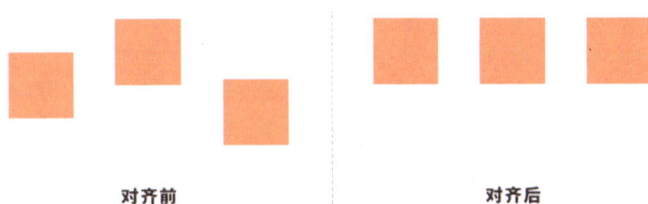

图 2-39　对齐和排列效果前后对比

2.3　矢量绘图软件——Illustrator

Photoshop主要用来处理已有的动画素材，下面要介绍的Illustrator则用来绘制各种动画素材，如图2-40所示。

图 2-40　Adobe Illustrator 软件图标

2.3.1　Illustrator 的软件版本选择

Adobe Illustrator（AI）是Adobe旗下的一款矢量绘图软件，如图2-41所示，和Adobe旗下的其他软件有着良好的兼容性。在制作动画短视频时，可以用它来绘制场景和人物形象。

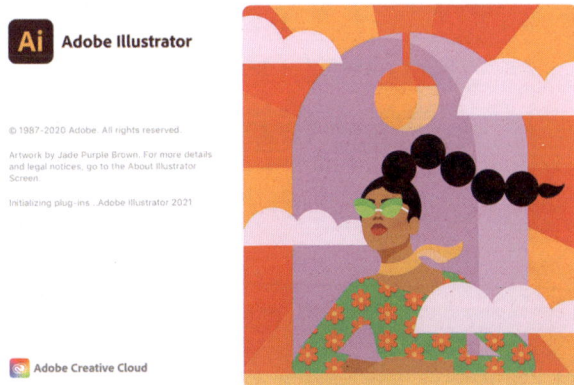

图 2-41　Adobe Illustrator

截至目前，AI已经更新到了2024版本。和Photoshop一样，版本越新，功能虽然越强大，使用体验也越好，但是稳定性通常也会越差。由于只需要用到一些相对常用的功能，我建议大家在学习时安装2020及以上版本。

2.3.2 新建文档

打开Illustrator时，默认的开始界面会自动提供几种常见的文档尺寸，可以根据自己要制作的文档尺寸直接选择，如图2-42所示。也可以单击最后一个"自定义大小"按钮。

图 2-42　软件提供的文档尺寸

在弹出的"新建文档"窗口中，自定义"宽度""高度""单位"以及"文档方向"。如果是制作MG动画，单位通常选择"像素"，如图2-43所示。

图 2-43　设置文档的"宽度"和"高度"

展开下方的"高级选项"，设置"颜色模式"为"RGB颜色"、"光栅效果"为"屏幕（72ppi）"、"预览模式"为"默认值"，如图2-44所示。

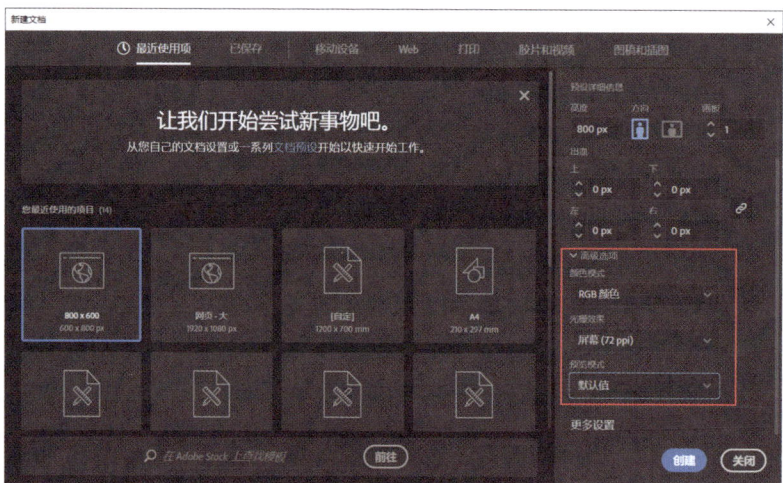

图 2-44　设置高级选项

单击"创建"按钮，即可完成文档的创建。

> **小贴士**
>
> 通常情况下，制作动画短视频时，如果绘制的是完整的画面，在创建文档时就将尺寸设置为最终动画短视频的尺寸即可。如果最终输出的动画短视频是横屏，就会将尺寸设置为1920×1080px；如果最终输出的动画短视频是竖屏，就会将尺寸设置为1080×1920px。

2.3.3　打开文档

单击左上角的"打开"按钮，在弹出的文件浏览窗口中，找到想要打开的Illustrator文件，即可完成打开文档的操作，如图2-45所示。

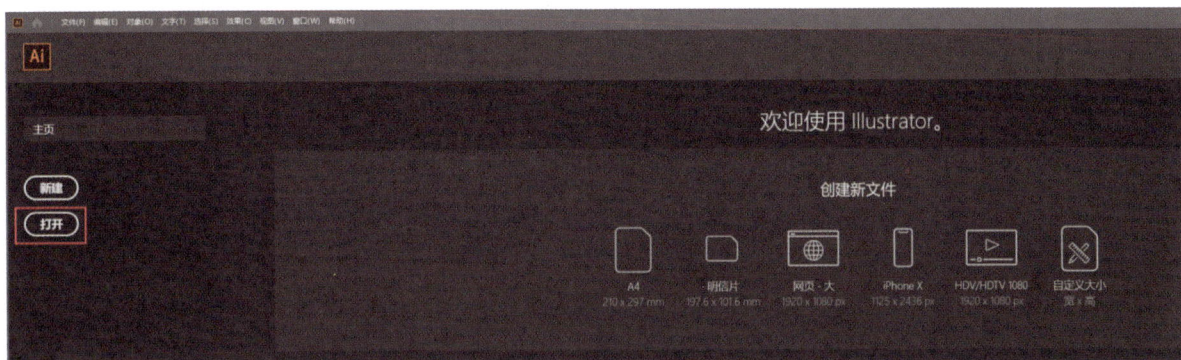

图 2-45　单击"打开"按钮可以打开 Illustrator 文档

也可以直接双击文件夹中的Illustrator文件，Illustrator就会自动启动并打开该文件，如图2-46所示。

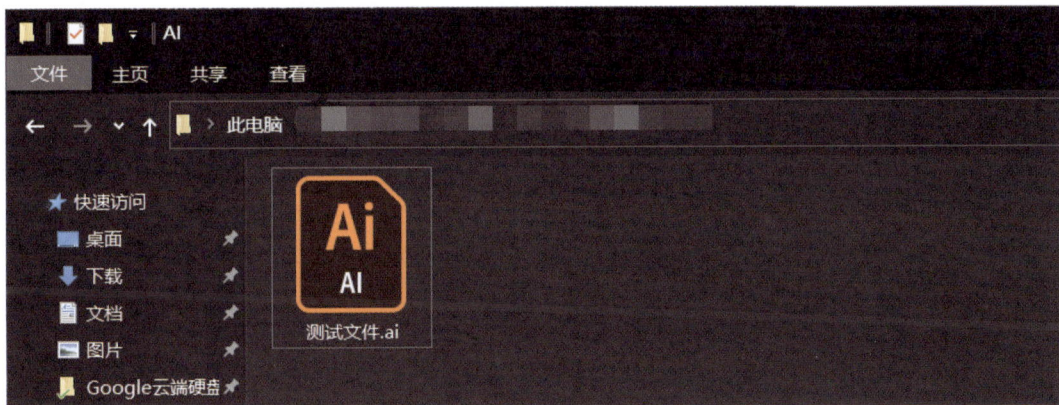

图 2-46　直接双击 Illustrator 文件

2.3.4　置入文档

在已经打开的Illustrator文档中，可以将其他Illustrator文档、Photoshop文档，以及图片作为"素材"置入。

可以直接将想要置入的文档从文件夹中拖入打开的Illustrator文档，也可以执行"文件"|"置入"命令（组合键Ctrl+Shift+P），在弹出的文件浏览器中选择想要置入的文档，如图2-47所示。

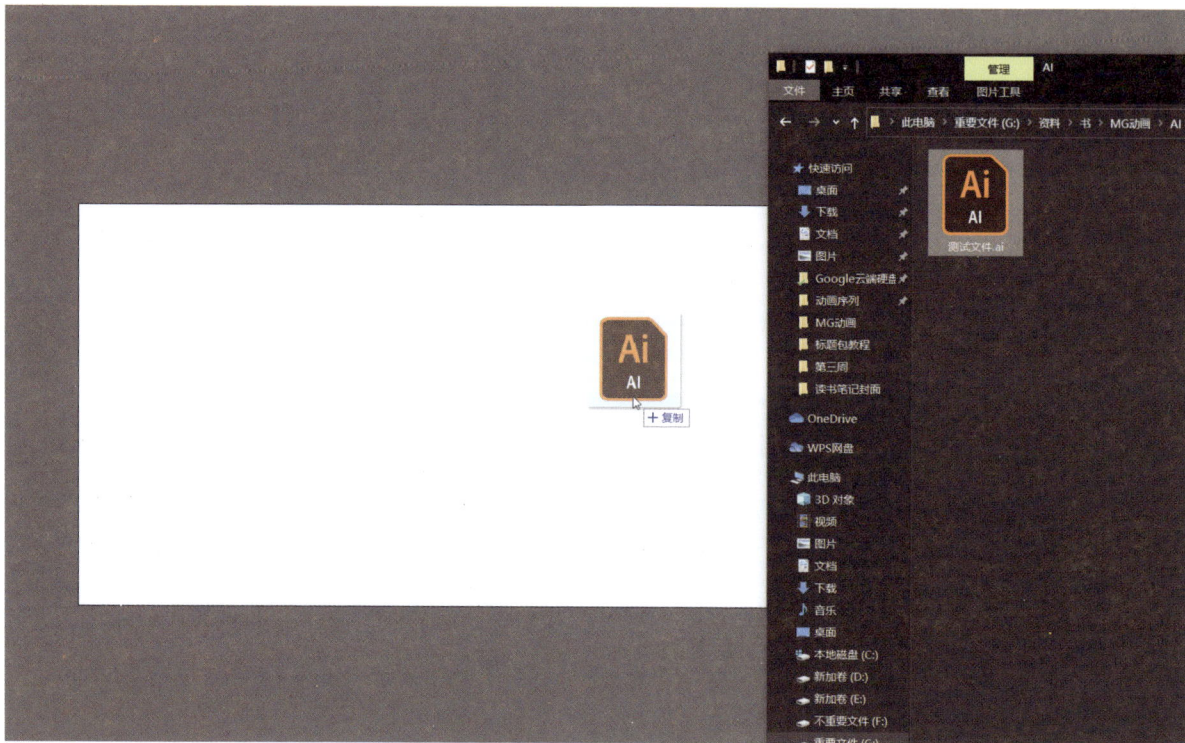

图 2-47　将 Illustrator 文件直接拖入软件中

2.3.5　图形工具

1. 矩形工具

长按"矩形工具" ，将当前工具切换为"矩形工具"。在画布上按住鼠标向任意方向移动，即可绘制出一个矩形。如果在绘制过程中按住Shift键，则会绘制出一个正方形，如图2-48所示。

图 2-48　使用"矩形工具"绘制矩形

> **小贴士**
>
> 使用"直接选择工具" 选择矩形的任意一个顶点，在该顶点附近会出现一个圆形图标。此时将光标移动至该圆形图标上，按住鼠标向矩形内侧拖动，可以将该顶点的直角变成一个圆角。这个点的作用是用来改变矩形每个角的圆度，如图2-49所示。
>
>
>
> 图 2-49　调整矩形的圆角大小

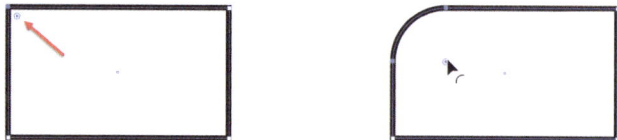

2. 圆形工具

长按"矩形工具" ，在弹出的菜单中选择"椭圆工具"，将当前工具切换为"椭圆工具"，如图2-50所示。

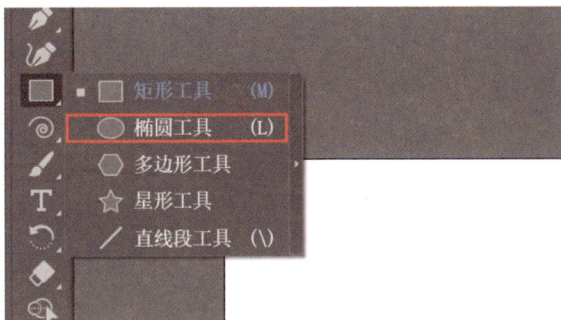

图 2-50　切换为"椭圆工具"

在画布中，按住鼠标向任意方向移动，可绘制出一个椭圆，如果在绘制的同时按住Shift键，则绘制出一个正圆，如图2-51所示。

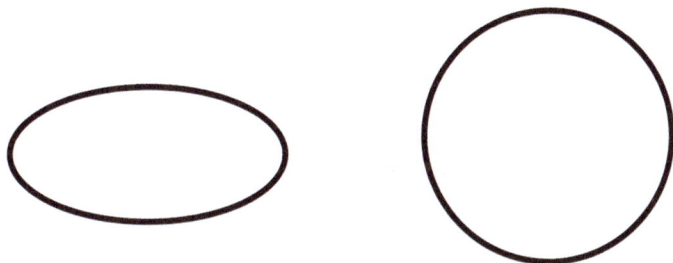

图 2-51　绘制椭圆和正圆

3. 多边形工具

长按"椭圆工具" ，在弹出的菜单中选择"多边形工具"，将当前工具切换为"多边形工具"，如图2-52所示。

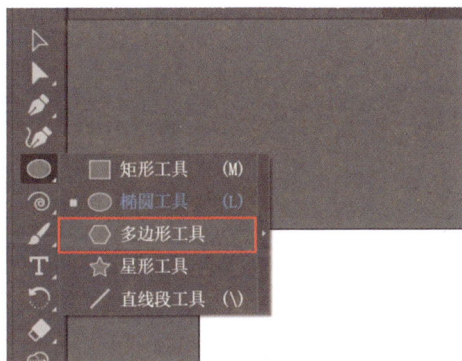

图 2-52　切换为"多边形工具"

在画布中，按住鼠标向任意方向移动，可绘制出一个六边形，如果在绘制的同时按住Shift键，则会绘制出一个水平方向的六边形，如图2-53所示。

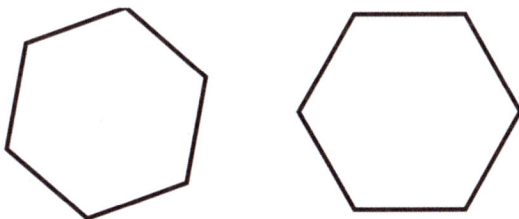

图 2-53　绘制六边形

在绘制六边形的过程中，按↑、↓方向键，可增加或减少六边形的边数。最少可保留三条边，即三角形，如图2-54所示。

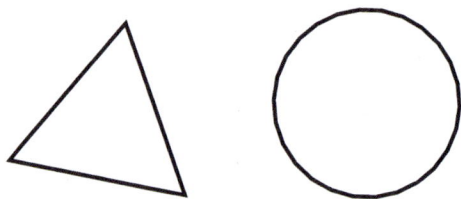

图 2-54　使用方向键调整边的数量

4. 星形

长按"多边形工具" ⬡，在弹出的菜单中选择"星形工具"，将当前工具切换为"星形工具"，如图2-55所示。

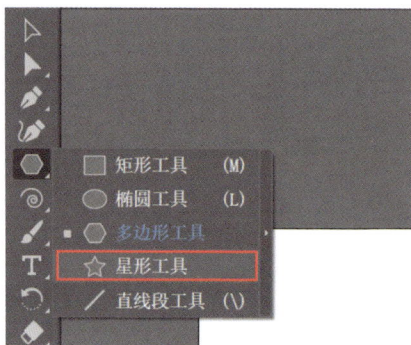

图 2-55　切换为"星形工具"

在画布中，按住鼠标向任意方向移动，可绘制出一个星形，如果在绘制的同时按住Shift键，则会绘制出一个水平方向的星形，如图2-56所示。

图 2-56　绘制星形

在绘制星形的过程中，按↑、↓方向键，可增加或减少星形的角数。最少可保留三个角，即三角形（图例中为四角形），如图2-57所示。

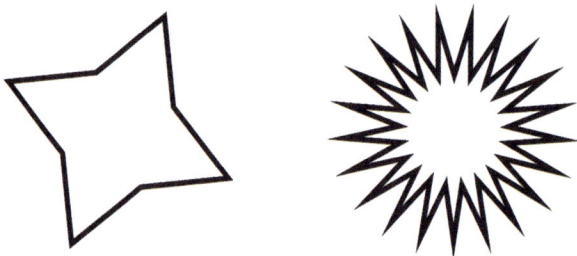

图 2-57　使用方向键修改星形的角数

2.3.6 钢笔工具

1. 绘制多边形

长按工具栏的"钢笔工具" ✏，可将当前工具切换为"钢笔工具"。"钢笔工具"可以说是图形绘制中最重要的一个工具。

使用"钢笔工具"在画布任意处单击，创建一个起点。将光标移动到另外一处，再次单击，创建一条直线，如图2-58所示。

再次在空白处单击，绘制出一个"角"，如图2-59所示。

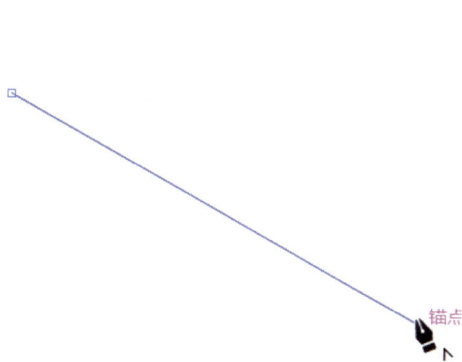

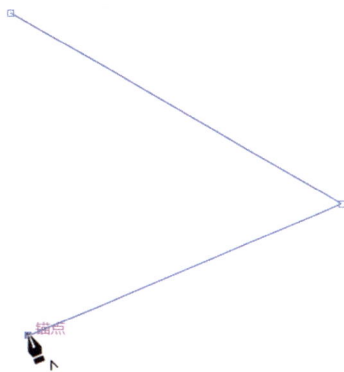

图 2-58　用钢笔绘制一条直线路径　　　　图 2-59　用钢笔绘制一个"角"

如果将光标移至起点，光标的右下角会出现一个"圆圈"标志，此时单击，就完成了一个闭合形状的创建，如图2-60所示。

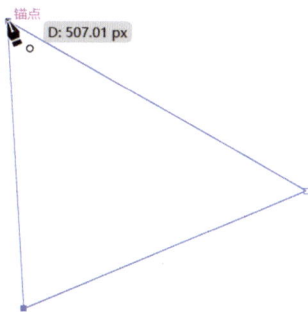

图 2-60　绘制一个闭合形状

使用这种方式，可以用"钢笔工具"绘制出任意多边形。

2. 调整多边形

对于绘制好的形状，可以使用"钢笔工具"继续编辑。把"钢笔工具"放到多边形的某个锚点上时，钢笔的右下角会出现一个"-"符号，此时单击，就会删除这个锚点，如图2-61所示。

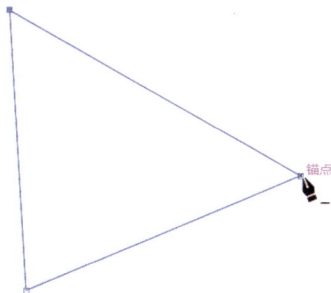

图 2-61　删掉形状上的锚点

如果将"钢笔工具"放到多边形的某条边上，钢笔的右下角就会出现一个"+"，此时单击，就会在该条边上创建一个锚点，如图2-62所示。

按住Ctrl键，可以将"钢笔工具"临时转换为"直接选择工具"，这时就可以去选择这个锚点，并且移动它，如图2-63所示。

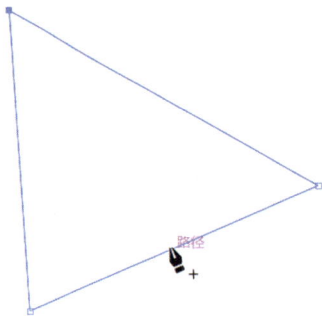

图 2-62　在路径上增加锚点　　　　图 2-63　移动后添加的锚点就可以改变形状

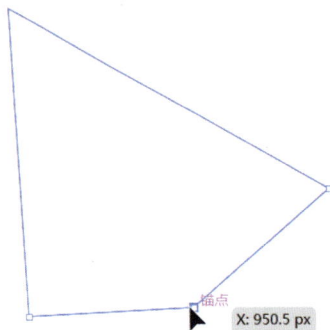

使用加点和减点方式，可以将绘制好的多边形改变成任意形状。

3. 锚点工具

长按"钢笔工具"，在弹出的菜单中选择"锚点工具"，将当前工具切换为"锚点工具"，如图2-64所示。

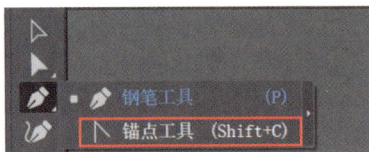

图 2-64　切换为"锚点工具"

使用"锚点工具"单击任意一个顶点，并向任意方向拖动光标，即可为该点添加弧度，如图2-65所示。使用"锚点工具"单击已经有弧度的点，可将它的弧度去掉，如图2-66所示。

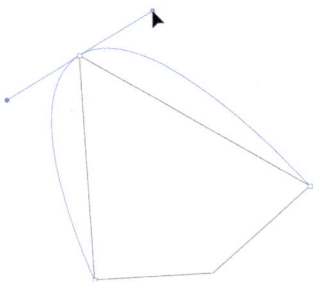

图 2-65　给锚点添加弧度　　　　图 2-66　单击有弧度的锚点即可去掉弧度

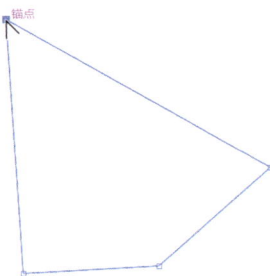

4. 钢笔的进阶使用

使用"钢笔工具"在画布任意位置长按，将光标移向任意方向，即可拉出锚点的控制手柄，如图2-67所示。

控制手柄分布在锚点两侧，分别用来控制锚点两侧曲线的弧度。此时如果再在这个锚点的两侧分别创建出两个新的锚点，那锚点之间连接的线段就是一条曲线，而不是一条直线，如图2-68所示。

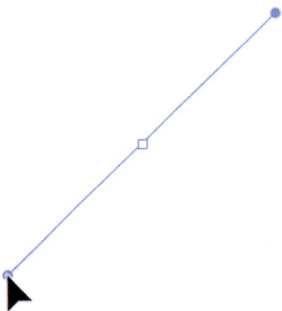

图 2-67　绘制时长按即可拉出控制手柄　　图 2-68　有控制手柄之间的锚点会形成曲线

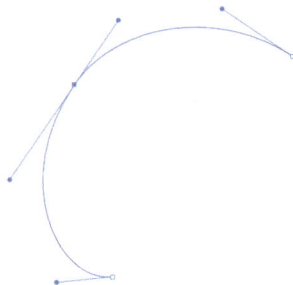

此时，按住Ctrl键，将"钢笔工具"临时转换为"直接选择工具"，可以控制锚点的控制手柄。使用"直接选择工具"调整控制手柄的方向，可以改变曲线的形态，如图2-69所示。

控制锚点一侧控制手柄时，另一侧的控制手柄也会一起发生变化。如果想要分别控制两侧的控制手柄，则需要在"直接选择工具"的状态下，按住Alt键，再去移动控制手柄，这样另一侧的控制手柄就不受影响，如图2-70所示。

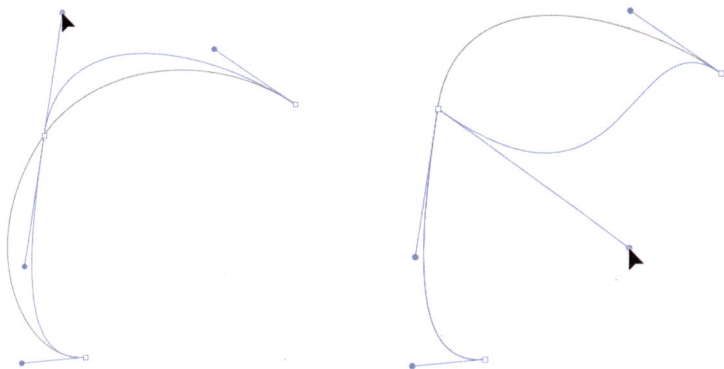

图 2-69　拖动控制手柄可以改变弧度　　图 2-70　按 Alt 键"切断"控制手柄

另外，在"直接选择工具"的状态下，将工具移动到线段上，"直接选择工具"会出现"弧线"标记，此时按住鼠标并移动，可以直接改变线段形态，如图2-71所示。

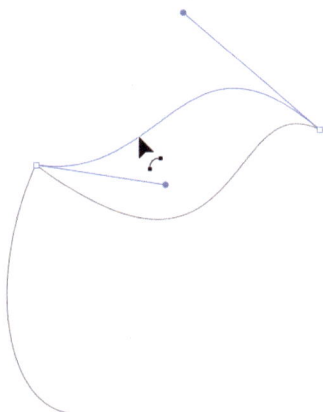

图 2-71　用"直接选择工具"直接调整曲线弧度

> 🔖小贴士
>
> 在Illustrator中，线段虽然是由两个锚点共同创建的，但并不意味着一定要删掉某个锚点才能删除线段，用"直接选择工具"选择线段，也可以删除该线段，同时，两个锚点也会保留，如图2-72所示。
>
>
>
> 图 2-72　删除路径会保留锚点

2.3.7　单色填充

使用"椭圆工具"在画布上绘制一个正圆，在右侧的"外观"面板可以看到正圆的"填色"属性。单击"填色"左侧的色块，在弹出的面板中可以选择任何填充样式，如图2-73所示。

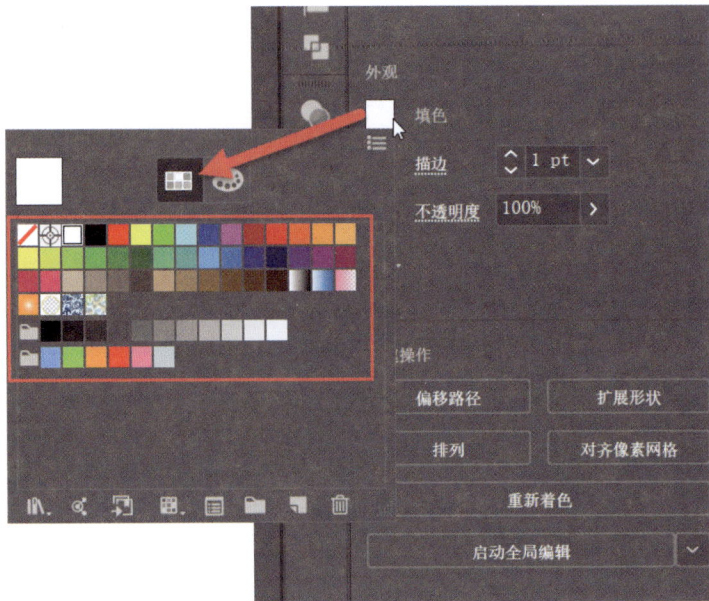

图 2-73 选择填充样式

单击"颜色混合器"按钮，在弹出的面板中，可以直接拖动R、G、B的滑块修改填充的颜色，也可以在"#"后面的输入框中输入十六进制的色值，还可以在下面的RGB色谱上用拾色器直接选择想要的颜色，如图2-74所示。

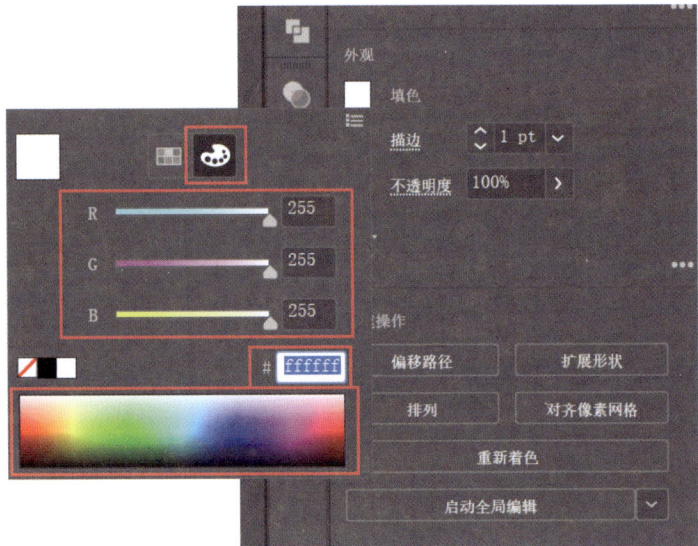

图 2-74 修改任意颜色

2.3.8 渐变填充

在"渐变"面板中，可以看到有三种渐变类型：线性渐变——其起始颜色沿直线混合到结束颜色；径向渐变——其起始颜色从中心点向外辐射到结束颜色；任意形状渐变——可以在形状中按一定顺序或随机顺序创建渐变颜色混合，使颜色混合起来平滑且自然，如图2-75所示。

可以使用Illustrator提供的渐变，也可以自行创建渐变。

单击"线性渐变"按钮，"渐变"面板下方的渐变控制器就可以修改。双击任意一个圆点，即可弹出该圆点的颜色修改面板，如图2-76所示。

图 2-75　选择渐变类型

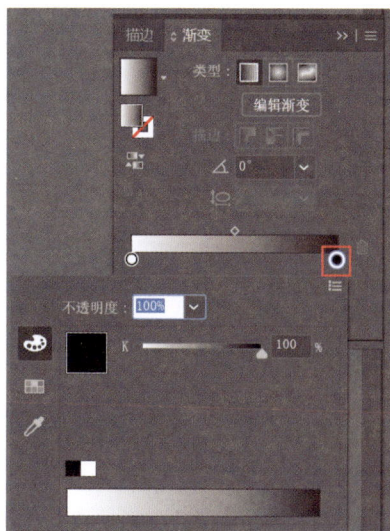

图 2-76　双击圆点可以修改渐变一端的颜色

默认只可以修改黑色的浓度，单击"色板"按钮▦，选择任意一个除黑白以外的颜色，再单击"颜色面板"按钮▦，就可以在这里正常编辑颜色，如图2-77所示。

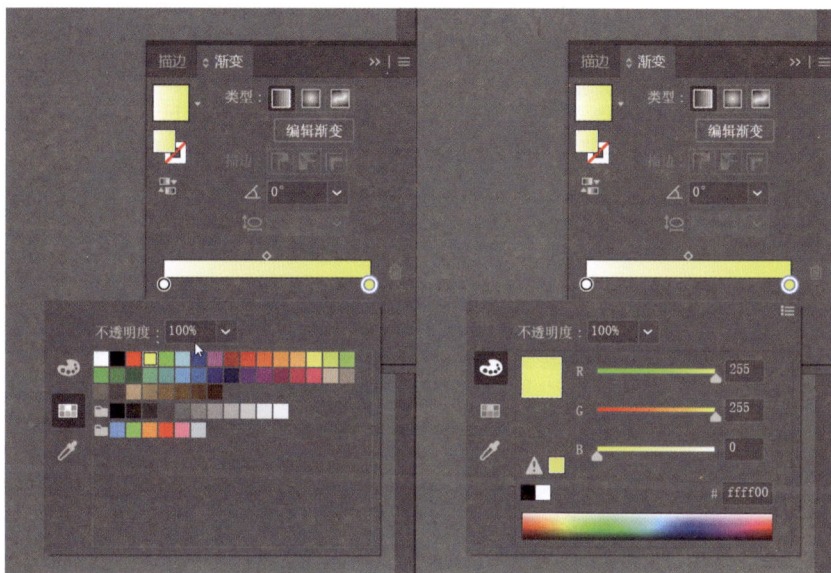

图 2-77　色板和颜色面板的差异

当光标放在"渐变滑块"的空白处时，光标右下角会出现"+"，此时单击，可以在"渐变滑块"上创建一个新的颜色节点，如图2-78所示。

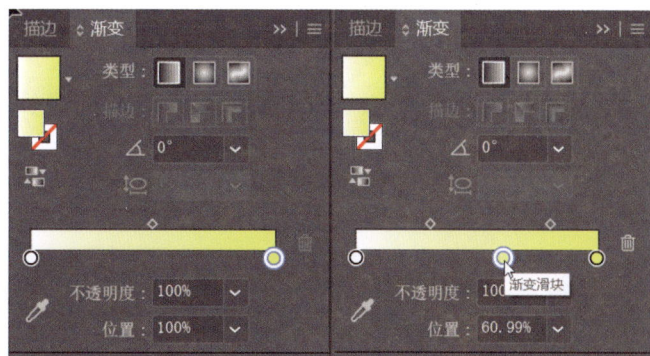

图 2-78　在渐变条的空白处单击以创建新的颜色节点

选中某个颜色节点，单击"渐变滑块"右侧的"删除"按钮▨，即可删除该颜色节点。

2.3.9　文字工具

（1）点文字。

切换到工具栏中的"文字工具"▊，在画布中任意位置单击，Illustrator会默认创建出一行文字，这时用键盘就可以输入任意文字。

用这种方式创建出来的文字图层的区域，会随着输入文字的数量改变而改变。如果文字较少，则区域较小；如果文字较多，则区域较大，如图2-79所示。

滚滚长

滚滚长江东逝水

图 2-79　创建点文字图层

（2）区域文字。

切换到"文字工具"的状态下，按住鼠标在画布中拉出一个矩形框，此时会创建出一个区域文字。

区域文字的范围不会随着文字数量的变化而变化，而是尽量让文字在区域范围内排列，如图2-80所示。

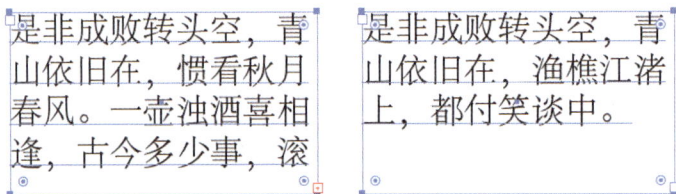

是非成败转头空，青山依旧在，惯看秋月春风。一壶浊酒喜相逢，古今多少事，滚

是非成败转头空，青山依旧在，渔樵江渚上，都付笑谈中。

图 2-80　创建区域文字图层

（3）路径文字。

切换到"文字工具"的状态下，按住鼠标在一条路径上单击，就会创建出一个"路径文字"。

路径文字的特点是，所有的文字都会沿着路径的方向整齐排列。当制作一些沿着某条路径排列的文字效果时，就可以通过"路径文字"来实现，如图2-81所示。

是非成败转头空，青山依

图 2-81　创建路径文字图层

2.3.10　自由变换

Illustrator中的任意一个对象都可以进行缩放、旋转、位移等操作。选中一个对象之后，对象的周围会出现变换控件，如图2-82所示。

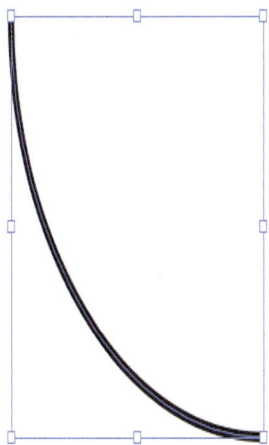
图 2-82　变换控件

此时将光标移动到变换控件的任意一个正方形块上，都可以直接改变这个对象的缩放比例，如图2-83所示。

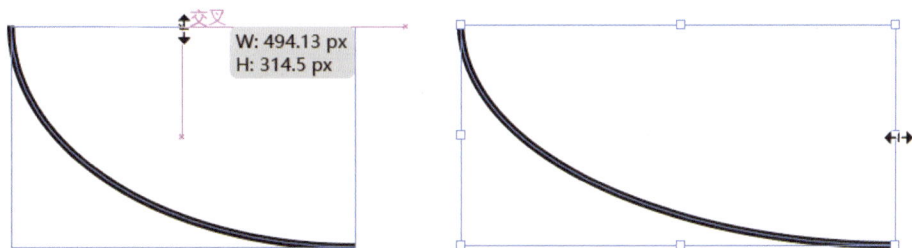
W: 494.13 px
H: 314.5 px

图 2-83　通过变换控件改变形状的比例

如果拉动角上的正方形块，则可以将对象以斜着的角度进行缩放，如果按住Shift键则会锁定比例进行缩放，如图2-84所示。

当光标移动至变换控件四个角的外侧时，按住鼠标移动可以选择对象。旋转的同时按住Shift键，则对象会以45°为最小单位旋转，如图2-85所示。

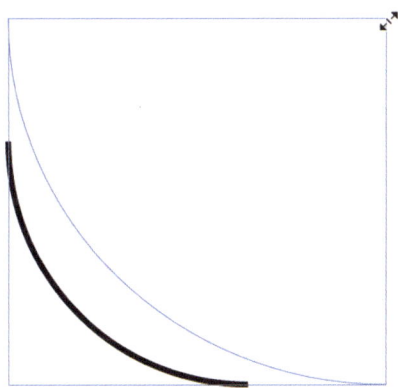

图 2-84　通过变换控件改变形状的比例

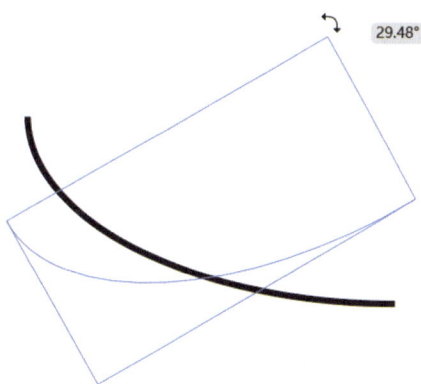
29.48°

图 2-85　光标放在形状外侧可以旋转形状

2.3.11　旋转

选中想要旋转的对象，单击工具栏中的"旋转工具" ，将当前工具切换为"旋转工具"，此时对象附近就会出现"旋转中心" ，这时在对象附近任意位置按住鼠标拖动，都会让选中的对象围绕"旋转中心"发生旋转，如图2-86所示。

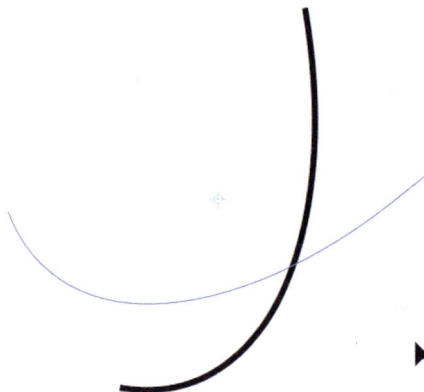

图 2-86 切换为"旋转工具"旋转形状

按住Alt键的同时，单击某个想要让对象围绕其旋转的位置，就会出现一个精确旋转的弹窗。在这里可以输入精确的旋转度数，勾选"预览"复选框，可实时预览旋转的效果，单击"确定"按钮完成旋转，如图2-87所示。

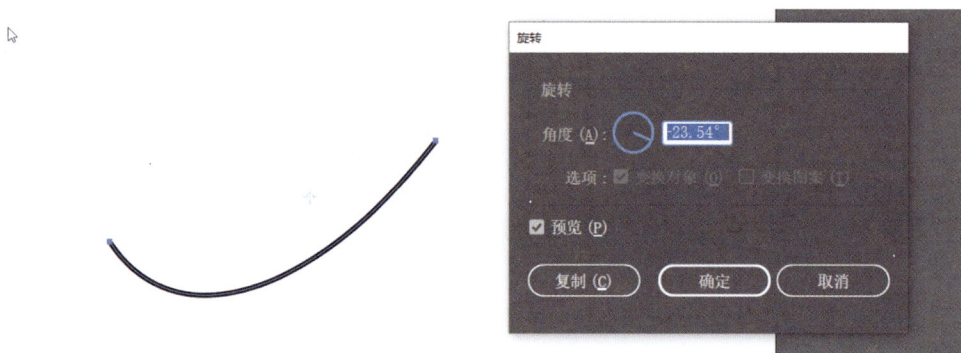

图 2-87 使用"旋转工具"精准控制旋转

如果单击"复制"按钮，则在保留前一个状态的前提下，复制出一个新的对象，并且旋转对应的度数，如图2-88所示。

图 2-88 使用"旋转工具"的复制功能

而在AI中，按Ctrl+D组合键可以重复执行上一次变换操作，连续按Ctrl+D组合键多次，就会得到如图2-89所示的效果。

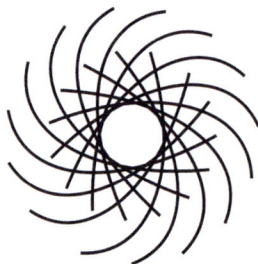

图 2-89 按 Ctrl+D 组合键重复上次变换

2.3.12 比例缩放

选中想要缩放的对象，长按工具栏中的"旋转工具" ，在弹出的菜单中选择"比例缩放工具" 。此时将光标移动到对象附近，按住鼠标任意移动，就会发现对象也会随之发生变形，如图2-90所示。

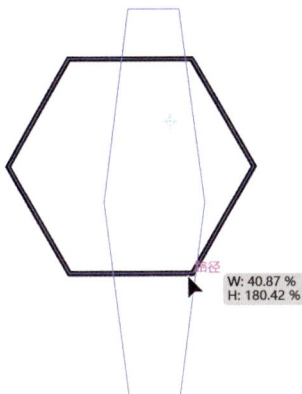

图 2-90　使用"比例缩放工具"变形形状

也可以只选择对象上某几个点，再使用"比例缩放工具"调整，如图2-91所示。

图 2-91　局部控制形状变形

还可以按住Alt键在任意位置单击，将比例缩放的中心点定义到这里，然后在弹出的"比例缩放"窗口中进行精确的调整，如图2-92所示。

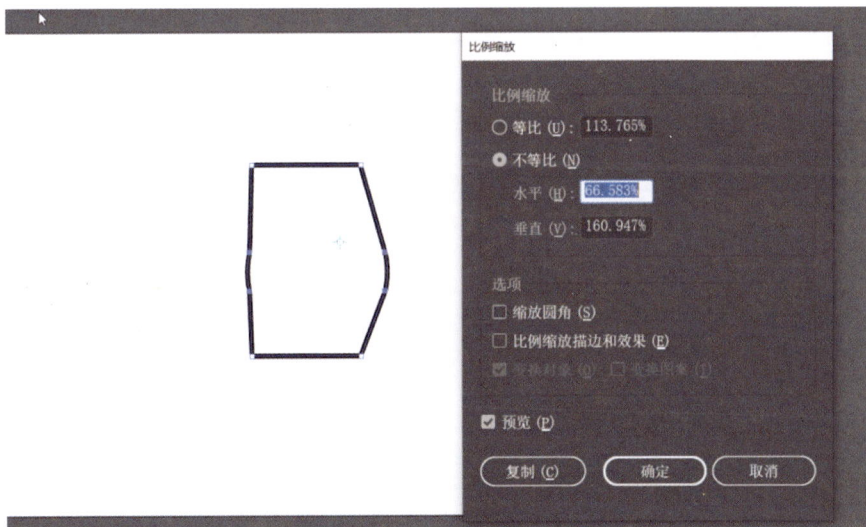

图 2-92　通过数值控制形状变形

2.3.13 镜像工具

选中想要镜像的对象，长按工具栏中的"旋转工具" ，在弹出的菜单中选择"镜像工具" 。

按住Alt键，在对象附近的空白处单击，以确定镜像的对称轴，在弹出的窗口里选择镜像的方式，就可以实现对象的镜像操作。

和旋转同理，如果单击"确定"按钮则会将当前对象镜像，如果单击"复制"按钮则会将当前对象复制一份再执行镜像，如图2-93所示。

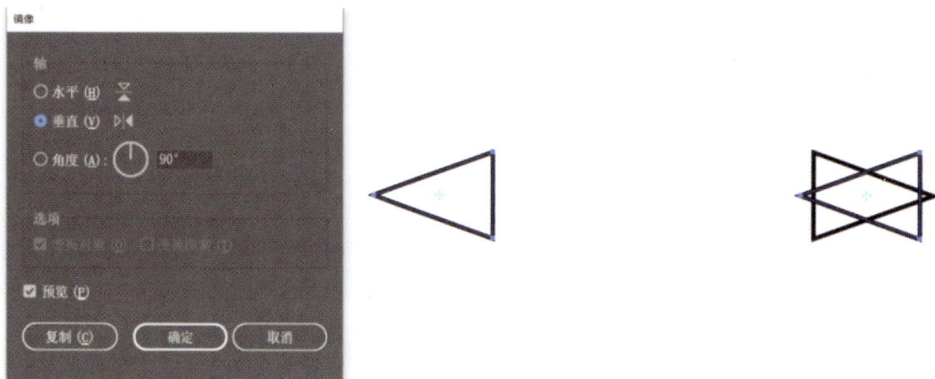

图 2-93　使用"镜像工具"控制镜像变形

2.3.14　倾斜工具

选中想要倾斜的对象，长按工具栏中的"旋转工具" ，在弹出的菜单中选择"倾斜工具" 。此时将光标移动到想要倾斜的对象附近，按住鼠标拖动，就可让对象发生倾斜，如图2-94所示。

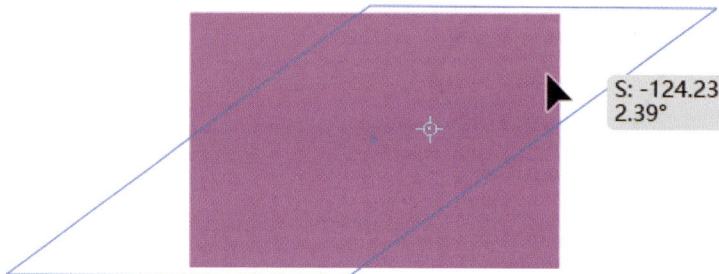

图 2-94　使用"倾斜"工具控制形状变形

按住Alt键单击"倾斜工具"，就可以弹出"倾斜"的调整窗口，在调整窗口中可以精确调整倾斜的方式和角度，如图2-95所示。

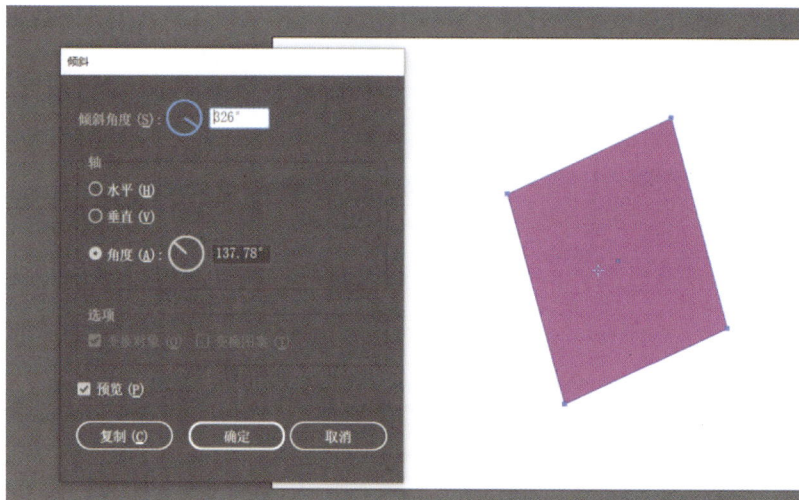

图 2-95　使用"倾斜"工具中的属性精确控制变形

2.3.15　不透明度

选中任意一个对象，都可以在右侧的属性面板中看到"不透明度"属性，如图2-96所示。

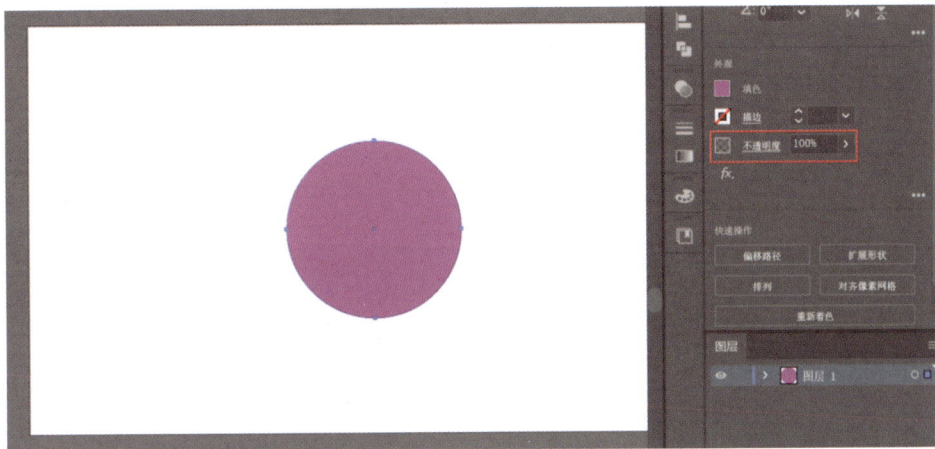

图 2-96　控制形状的"不透明度"

不透明度的数值越大，对象就越清晰；数值越小，对象就越模糊。

2.4　动画制作软件——After Effects

动画制作部分，主要借助After Effects（AE）来完成，如图2-97所示。

图 2-97　After Effects 软件图标

由于同属于Adobe公司，Photoshop和Illustrator绘制出来的文件都可以很方便地导入AE中。AE本身是一款比较复杂的软件，但只做动画短视频并不需要掌握全部功能。下面介绍AE制作动画短视频时需要用到的一些功能。

2.4.1　软件版本选择

AE是一款对计算机性能要求比较高的软件，如果计算机配置一般，使用2020版本即可。如果计算机配置尚可，也不建议选择最新版的AE。一方面是因为最新版的AE可能相对来说不是很稳定，另一方面则是旧版AE对第三方脚本和插件的兼容性更好。AE启动页面如图2-98所示。

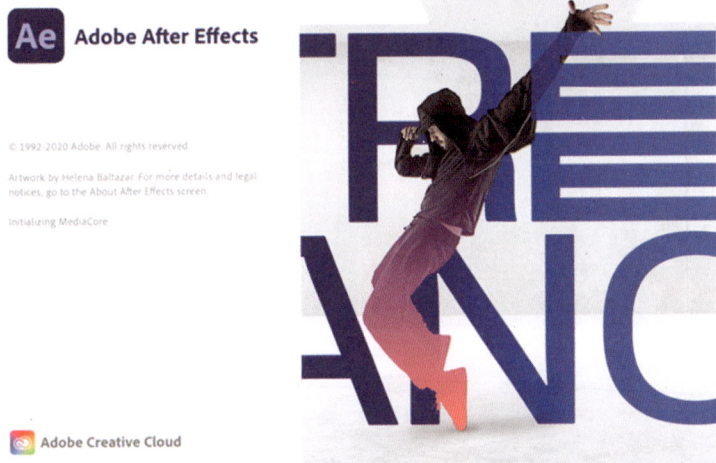

图 2-98　After Effects 启动页面

2.4.2 新建项目

打开AE后，会弹出一个"主页"窗口，单击"新建项目"按钮即可完成项目的创建。如果单击右上角的"关闭"按钮，也会默认创建一个新的项目。

项目是不需要设置任何参数的，不管是单击"新建项目"按钮还是单击"关闭"按钮都会默认创建一个新项目，如图2-99所示。

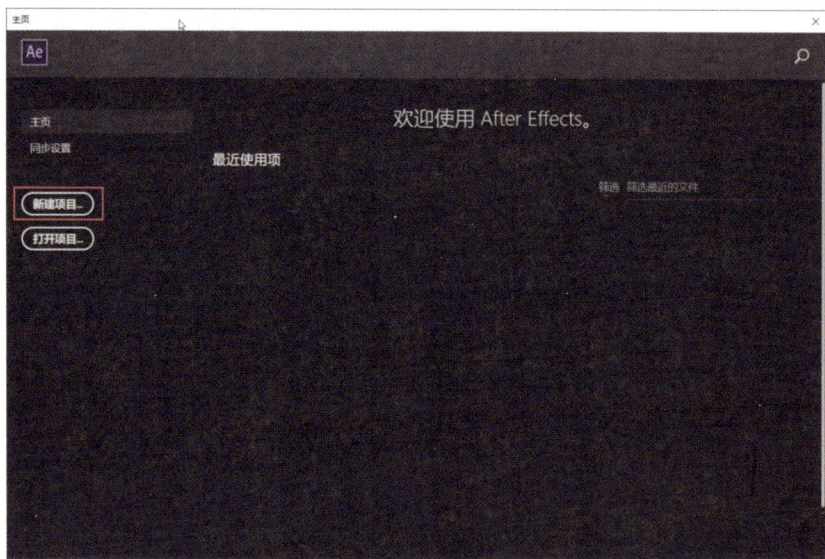

图 2-99　创建项目

2.4.3 新建合成

合成可以理解为Illustrator中的一张画布，作为填充各种元素的容器。制作动画的第一步就是创建一个合成。

单击"项目"面板底部的"新建合成"按钮，会弹出"合成设置"面板，如图2-100所示。

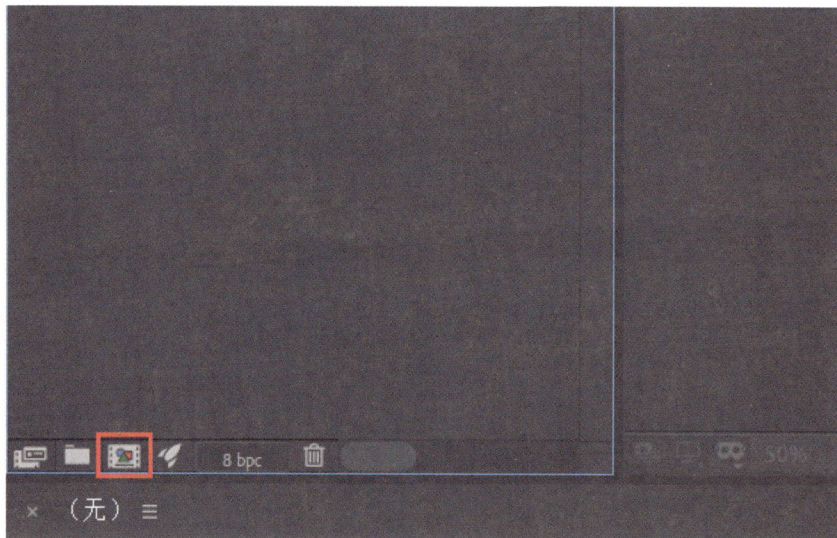

图 2-100　单击"新建合成"按钮创建合成

在弹出的"合成设置"面板中设置好各项参数后，单击右下角的"确定"按钮，即可完成一个合成的创建。

制作动画短视频时，一般把帧率设置为30，最低不少于24。持续时间在完成创建之后是可以修改的，所以一般都会先设置一个比较短的时间，后面根据项目情况再进行调整，如图2-101所示。

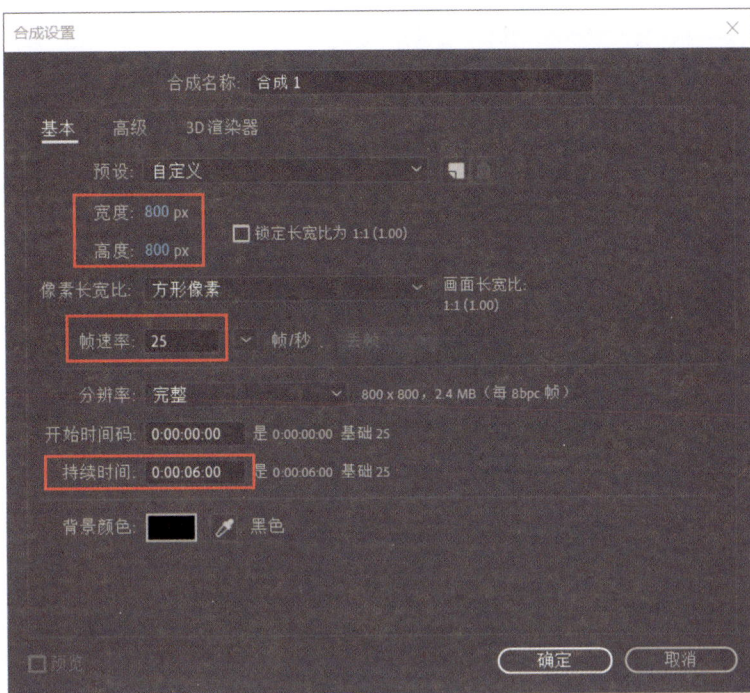

图 2-101 "合成设置"面板

除此之外，在"新建合成"面板的空白处右击也可以创建新合成，如图2-102所示。

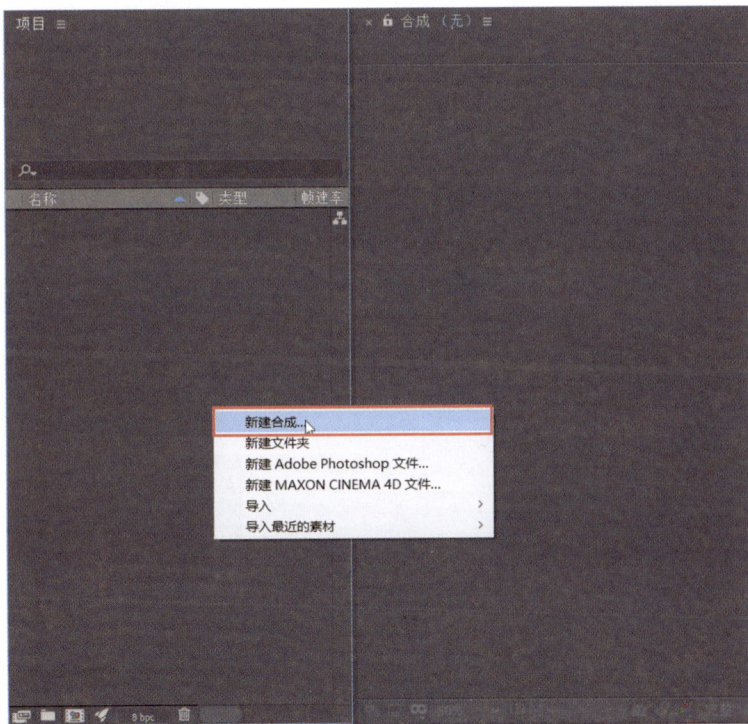

图 2-102 在"新建合成"面板新建合成

2.4.4 导入素材

执行"文件"|"导入"命令可以将文件导入AE。也可以在"项目"面板的空白处右击，在弹出的快捷菜单中选择"导入"选项，如图2-103所示。

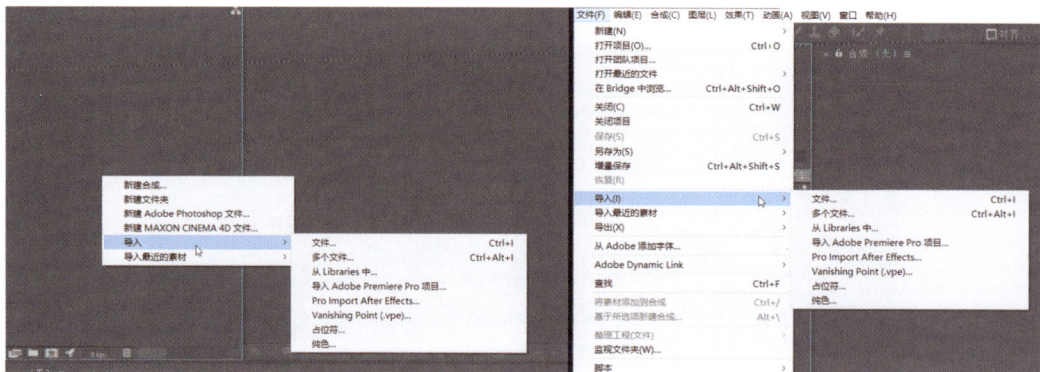

图 2-103　导入素材的两种方式

如果只导入单个文件，就选择"文件"选项，如果要一次性导入多个文件，则选择"多个文件"选项。选择要导入的文件之后，单击右下角的"确定"按钮，即可完成导入，如图2-104所示。

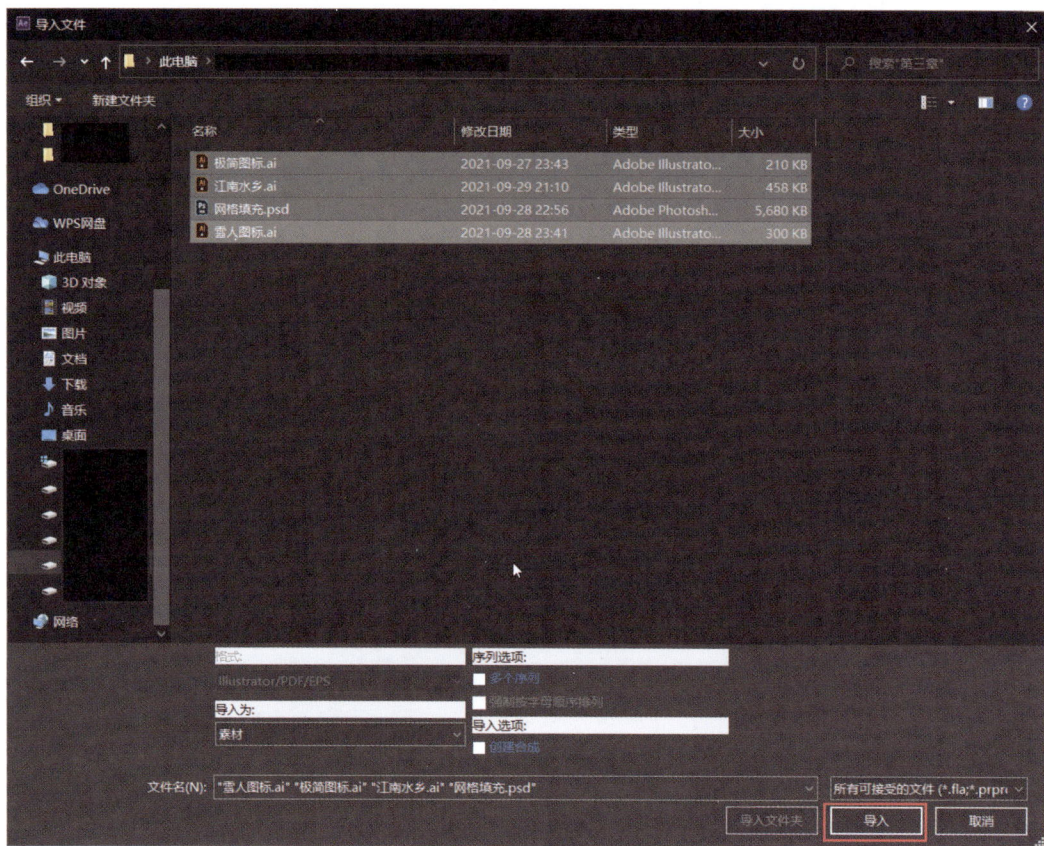

图 2-104　导入素材

> 🎁小贴士
>
> 在导入PS文件或包含多个图层的AI文件时，AE会弹出导入选项。
>
> 如果想要将整个PSD文件作为一个合成，每个元素图层的大小和元素大小一致，就可以选择"合成-保持图层大小"选项，否则，就选择"合成"选项；如果只是想将PSD文件整体作为一个素材，就选择"素材"选项，如图2-105所示。

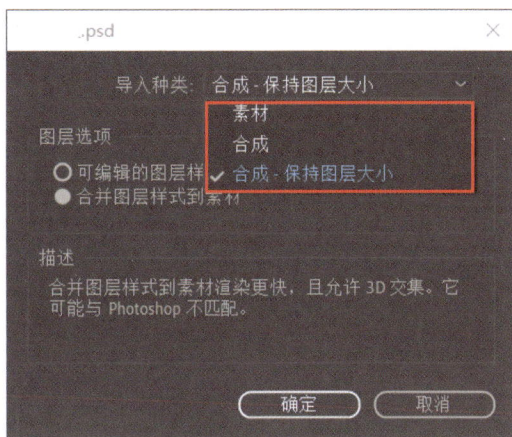

图 2-105　导入种类

由于Photoshop中的图层样式可以在AE中继承，如果想在AE中继续调整图层样式，可选中"可编辑的图层样式"单选按钮；如果不想编辑图层样式，就选中"合并图层样式到素材"单选按钮，这样图层样式就会合并到图层上，如图2-106所示。

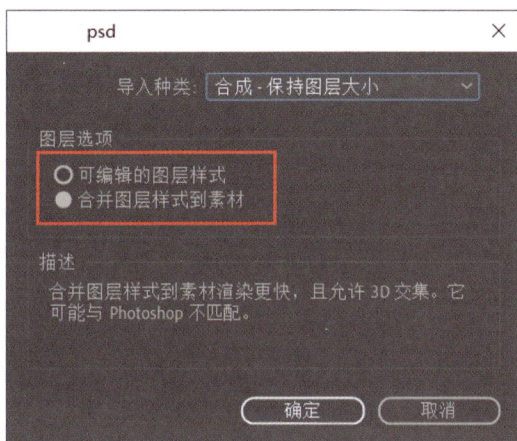

图 2-106　图层选项

▨ 2.4.5　图层的基本动画属性

在AE中给图层创建动画，主要是通过修改图层的动画属性的数值来实现。给动画属性的不同数值K上关键帧，AE就会自动给不同关键帧之间创建"补间动画"，进而实现我们看到的各种动画效果。

1. 锚点

锚点可以简单地理解成图层的中心点。在After Effects中，除了摄像机、灯光这两种特殊图层，其他的图层都有锚点属性，包括从外部导入的图片、视频等素材，如图2-107所示。

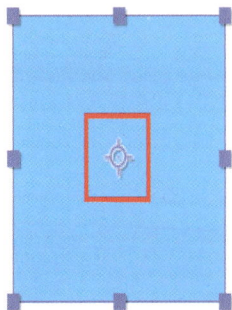

图 2-107　图层中心的锚点

41

图层的"旋转""位置""缩放"属性都是以锚点属性为基准发生变化的。

单击工具栏中的"向后平移（锚点）工具" ，将当前工具切换为"向后平移（锚点）工具"，可直接以拖动的形式改变图层锚点的位置，如图2-108所示。

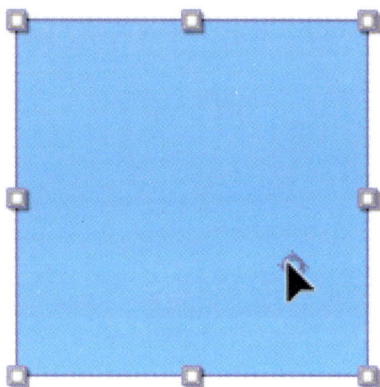

图 2-108　改变锚点位置

按住Ctrl键的同时，双击工具栏中的"向后平移（锚点）工具"，可将图层的锚点重置到图层的正中央。

2. 位置

图层的位置属性用来控制该图层在合成中的位置坐标，更准确地说，是图层锚点在合成中的位置坐标。选中某个图层，按P键，可以直接调出该图层的位置属性，如图2-109所示。

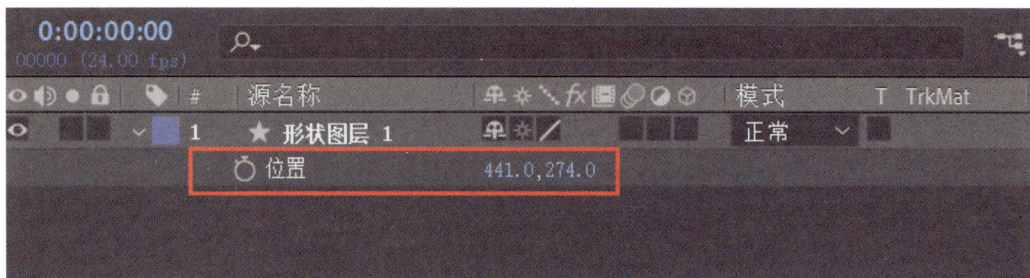

图 2-109　展开位置属性

不仅可以通过"选取工具" 直接拖动图层来改变它的位置，也可以单击"位置"右侧的数值，直接给该图层输入精确的位置数值，如图2-110所示。

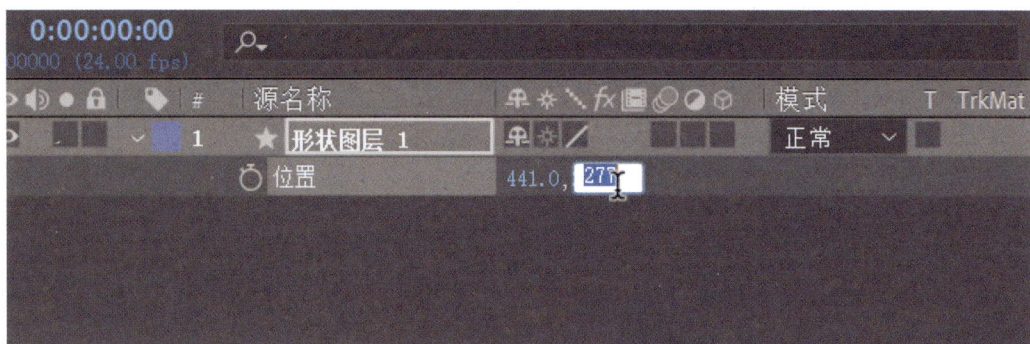

图 2-110　直接修改位置的数值

📖小贴士

右击位置属性，在弹出的快捷菜单中选择"单独尺寸"选项，可以将位置属性拆分为两个独立的属性，分别是"X位置"和"Y位置"，这两个属性可以单独控制图层在X方向和Y方向上的位置变化，如图2-111所示。

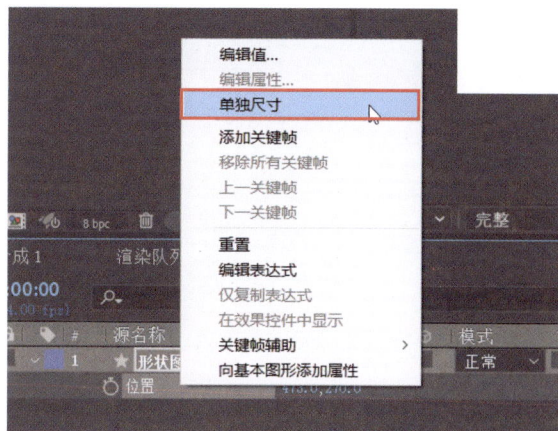

图 2-111　将位置设为"单独尺寸"

3. 缩放

图层的"缩放"属性用来控制图层的"放大"和"缩小"，缩小和放大的中心点即为图层的锚点。

选中想要缩放的图层，按住鼠标拖动图层边上的8个小方块，可以直接修改图层的大小，如图2-112所示。

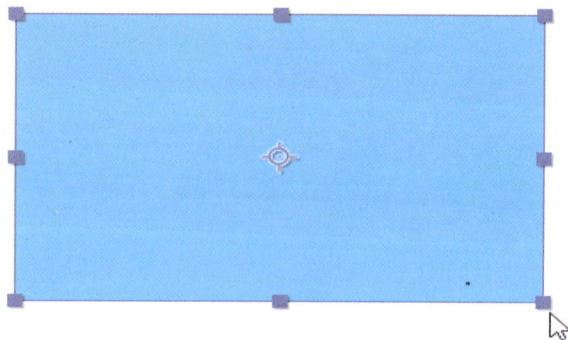

图 2-112　直接调整形状大小

如果在拖动小方块的同时按住Shift键，则可以保持原始比例进行缩放。

除此之外，按S键，也可以直接调出图层的"缩放"属性，修改这里的数值也可以调整图层的缩放变化。单击数值左侧的"约束比例"按钮 ，可以取消缩放的比例约束，再次单击可重新约束比例，如图2-113所示。

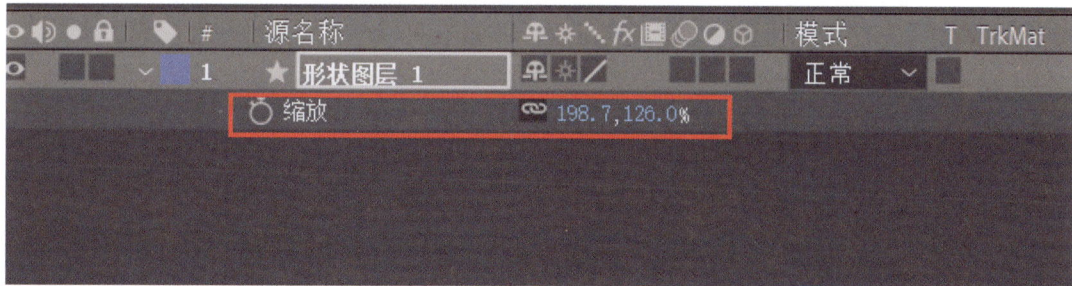

图 2-113　取消"缩放"的约束比例

📦小贴士

如果将锚点移动到图层外面，此时再去改变缩放的数值，图层看起来就像是一边位移一边缩放。利用这种方式，可以简化某些动画的制作流程，如图2-114所示。

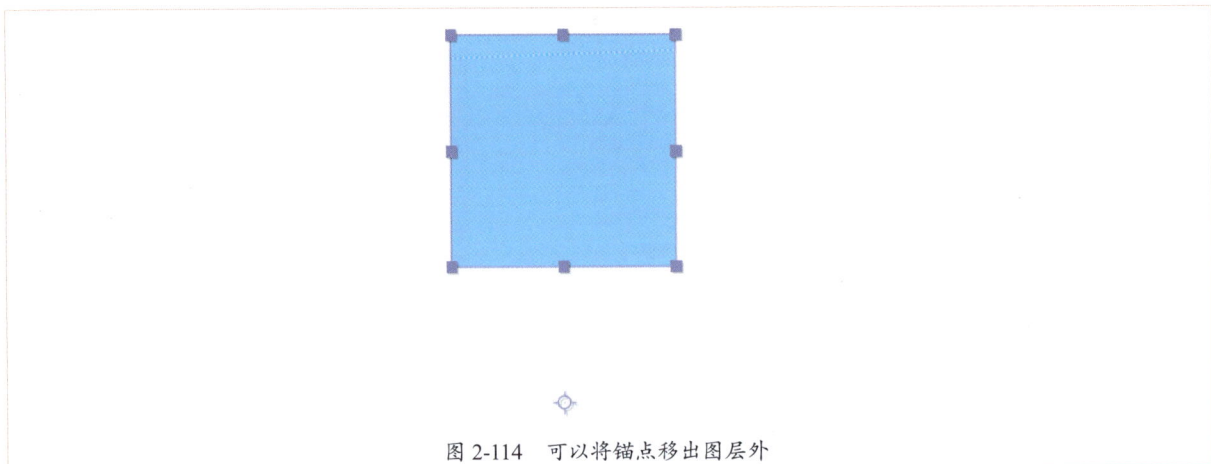

图 2-114　可以将锚点移出图层外

4. 旋转

图层的"旋转"属性用来控制图层的旋转角度，旋转中心即为图层的锚点。

选中图层，单击工具栏中的"旋转工具" ⟳，将当前工具切换为"旋转工具"，将光标移动到图层处，按住鼠标拖动，即可让图层发生旋转，如图2-115所示。

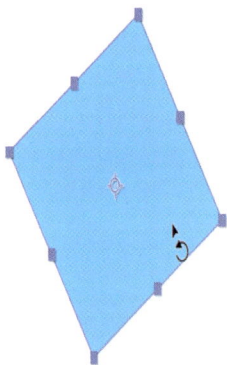

图 2-115　旋转形状

选中图层后，按R键，也可以调出图层的"旋转"属性，直接修改"旋转"属性的数值也可以让图层发生旋转，如图2-116所示。

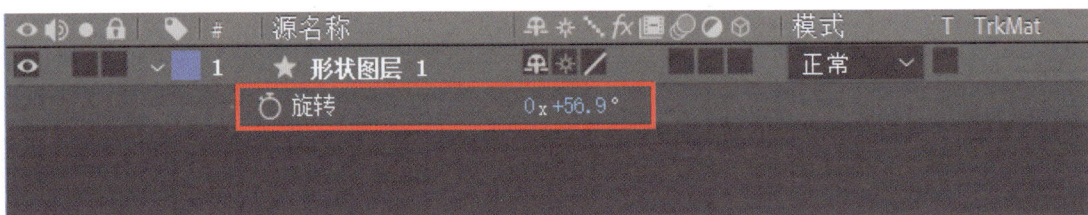

图 2-116　调整"旋转"属性的数值

5. 不透明度

图层的不透明度用来控制图层的可见性。选中图层，按T键，可以直接调出图层的"不透明度"属性，修改这里的数值可以控制图层的不透明度，如图2-117所示。

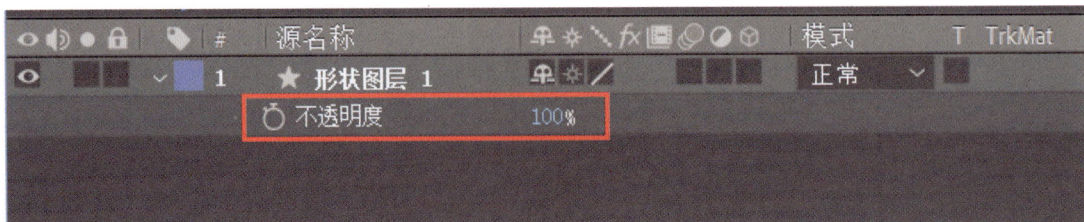

图 2-117　调整图层的不透明度

当图层的"不透明度"为100%时，图层完全可见；当图层的"不透明度"为50%时，图层不完全可见；当图层的"不透明度"为0%时，图层完全不可见，如图2-118所示。

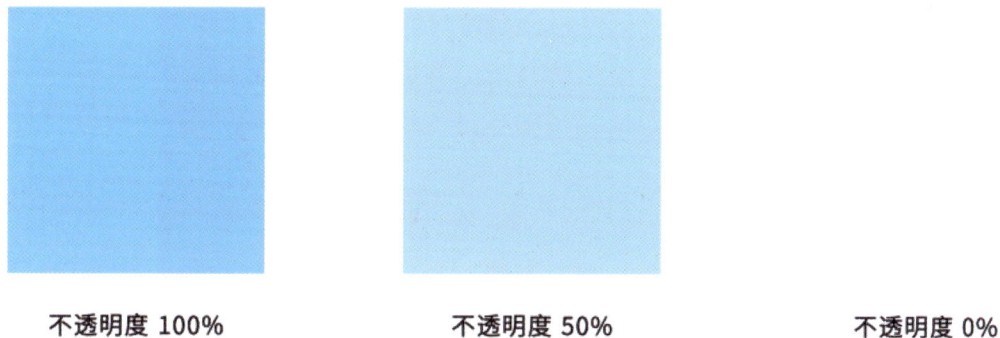

不透明度 100%　　　　**不透明度 50%**　　　　**不透明度 0%**

图 2-118　不透明度效果对比

2.4.6　输出视频

动画做完后，需要将动画输出成视频格式才能发布到网络。在AE中，按Ctrl+M组合键，或者执行"合成"|"添加到渲染队列"命令，如图2-119所示，即可将当前合成添加到渲染队列中。

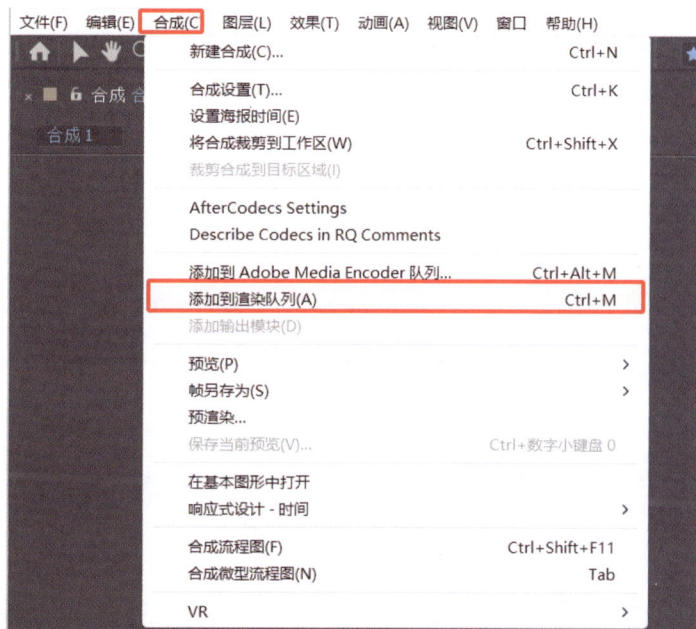

图 2-119　将当前合成添加到队列中

单击渲染队列右下角的"*尚未指定*"按钮，可以选择视频要输出的目录位置，如图2-120所示。

图 2-120　单击"尚未指定"按钮选择输出位置

单击"最佳设置"就会弹出"渲染设置"窗口，这里一般会修改视频的帧率，如图2-121所示。

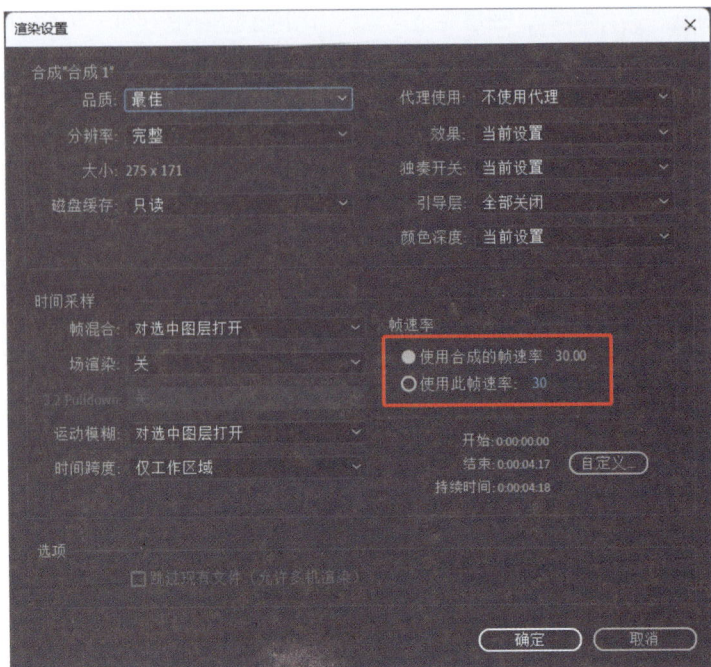

图 2-121　渲染设置弹窗

单击"输出模块"右侧的蓝字，会弹出"输出模块设置"窗口。单击"格式"右侧的下拉菜单，选择"格式"为"H.264"，如图2-122所示，即可输出最常见的MP4格式。

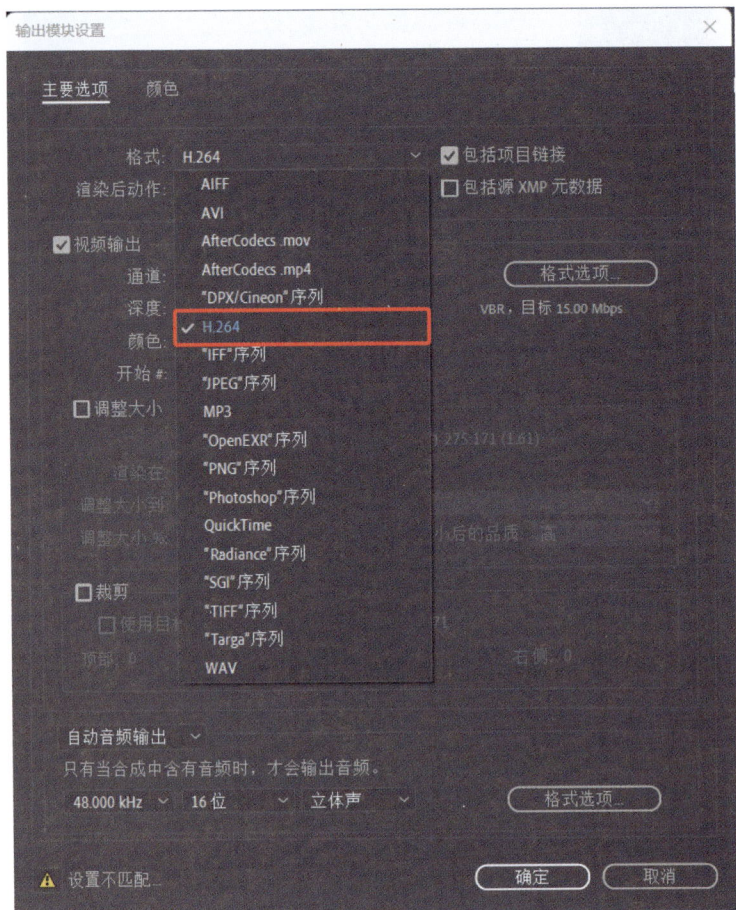

图 2-122　选择输出格式

2.5　剪辑软件——《剪映》

剪辑一般是整个动画短视频制作的最后一个流程,前面流程主要是为了完成需要的每个片段。

剪辑流程除了要完成片段的拼接,还要添加音效和背景音乐,这里建议使用本身就自带很多音效和音乐素材的剪映专业版,如图2-123所示。

图 2-123　剪映软件图标

2.5.1　导入素材

使用《剪映》,第一步就要学会导入素材。打开剪映专业版,单击"导入"按钮,就可以将事先准备好的素材导入进来,如图2-124所示。

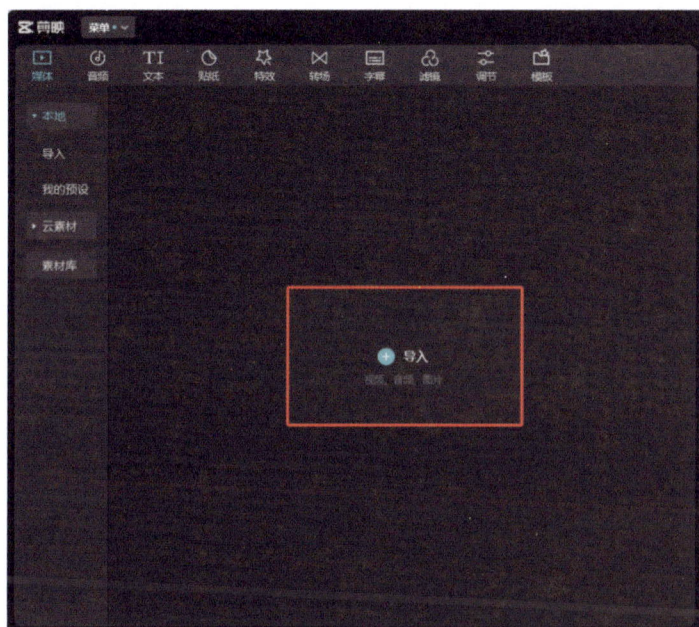

图 2-124　导入素材

将导入剪映的素材拖动到下方的时间轴,就可以开始剪辑了,如图2-125所示。

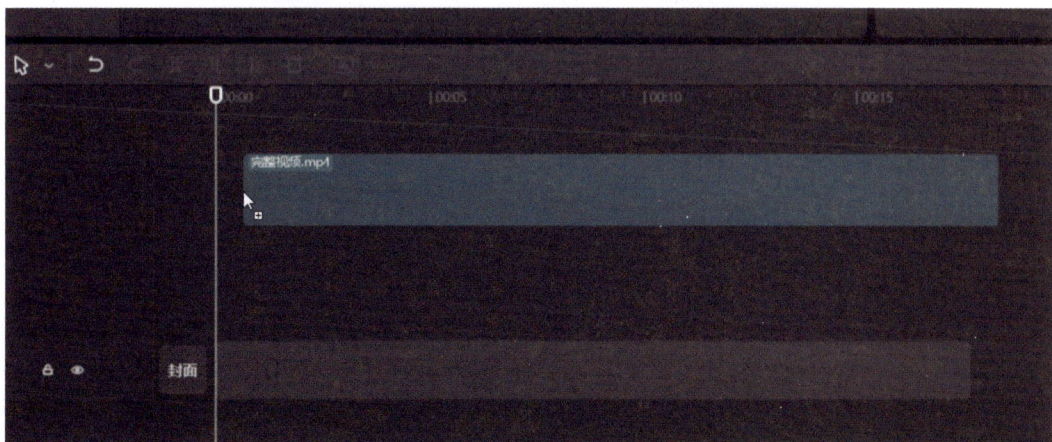

图 2-125　将素材拖动到时间轴上

在时间轴的上方有几个按钮，是经常会用到的工具，如图2-126所示。如果选中时间轴的素材，工具栏会新增几个按钮，如图2-127所示。

图 2-126 工具栏

图 2-127 选中素材之后的工具栏

1. 分割工具

最常用的工具之一是分割工具，分割工具主要用来分割时间轴上的素材。选中素材，将时间指示器移动到想分割的地方，如图2-128所示，再单击任意一个分割工具即可实现素材的分割。

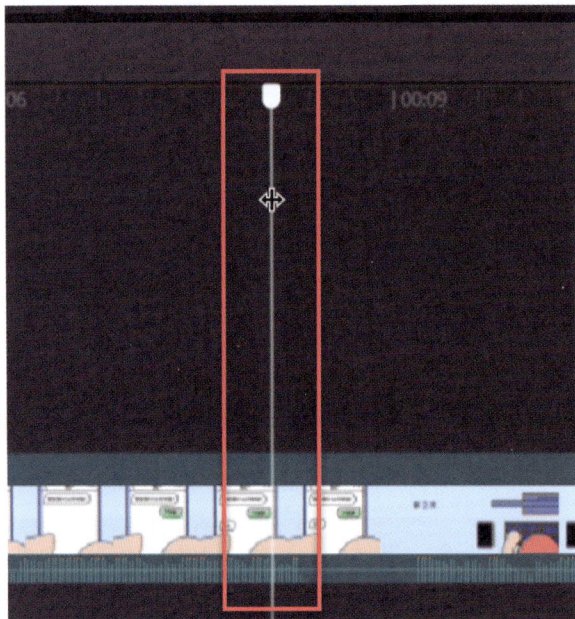

图 2-128 调整分割位置

三个分割工具在功能上有些细微的差别，"分割工具" 是将素材一分为二；"向左裁剪工具" 是将素材一分为二后，直接将左侧的素材删除；"向右裁剪工具" 是将素材一分为二后，直接将右侧的素材删除。

2. 删除工具

选中想要删除的素材片段，单击"删除工具" 就能将这段素材直接删除。

3. 标记工具

选中素材，调整时间指示器位置，单击"标记工具" 可以在素材上添加标记，如图2-129所示。如果不选择任何素材，单击"标记工具" 会在时间轴上创建一个标记，如图2-130所示。

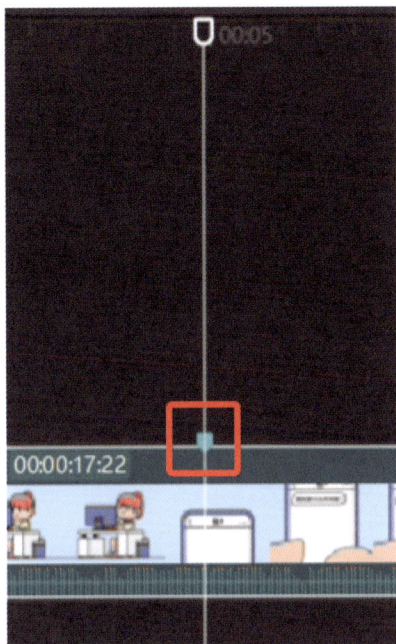

图 2-129　给素材添加标记

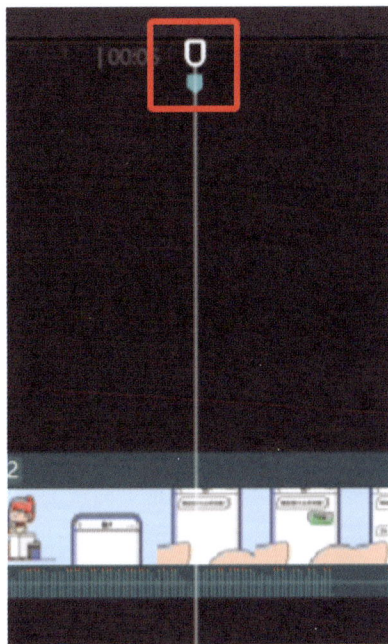

图 2-130　给时间轴添加标记

如果将时间指示器放到有标记的地方，"标记工具" 🛡就会变成"删除标记" 🛡，单击后，对应位置的标记就会删除。

4. 定格工具

如果想让某个视频素材的某个画面静止一段时间，可以先选中该素材，再将时间指示器移动到想要静止的画面处，单击"定格工具" 🔳，软件就会将当前画面复制出来，并转换成一张图片，如图2-131所示。

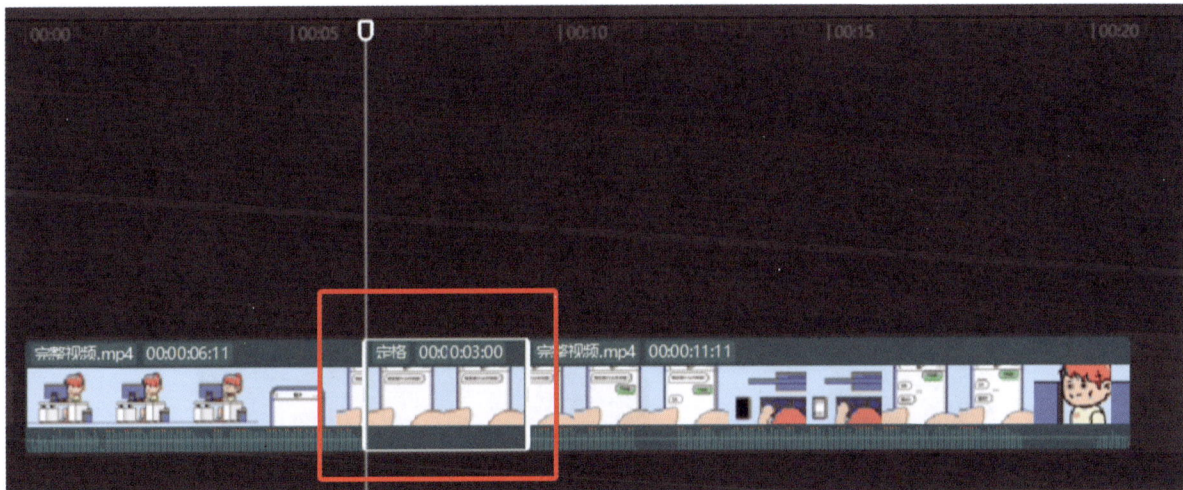

图 2-131　给素材中的某个画面添加定格效果

5. 倒放工具

选择要倒放的视频素材片段，单击工具栏中的"倒放工具" 🔄，软件就会将这段视频转换为倒放素材。

6. 镜像工具

选中想要镜像画面的素材，单击"镜像工具" 🔼，软件就会将这个片段镜像，如图2-132和图2-133所示。

图 2-132　镜像前　　　　　　　　　　图 2-133　镜像后

7. 旋转工具

选择想要旋转的素材片段，单击"旋转工具" ，就可以让素材旋转90°，每单击一次，素材都会在原来的基础上再次旋转90°，如图2-134所示。

如果想旋转其他角度，可以将光标放到素材下方的"旋转"按钮 上，通过移动光标的方式对素材进行旋转，如图2-135所示。

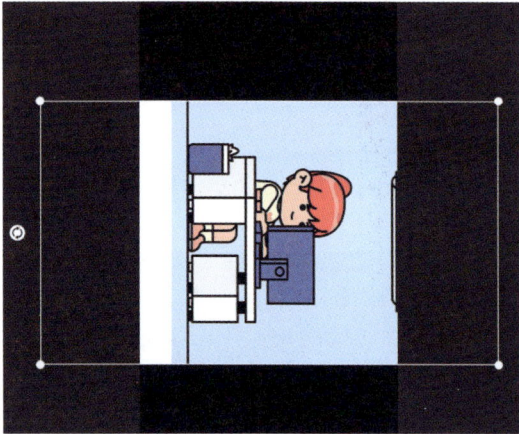

图 2-134　旋转后的效果　　　　　　　　图 2-135　使用鼠标对素材进行旋转

8. 裁剪工具

选中想要裁剪的素材片段，单击"裁剪工具" ，就会弹出裁剪窗口，如图2-136所示。

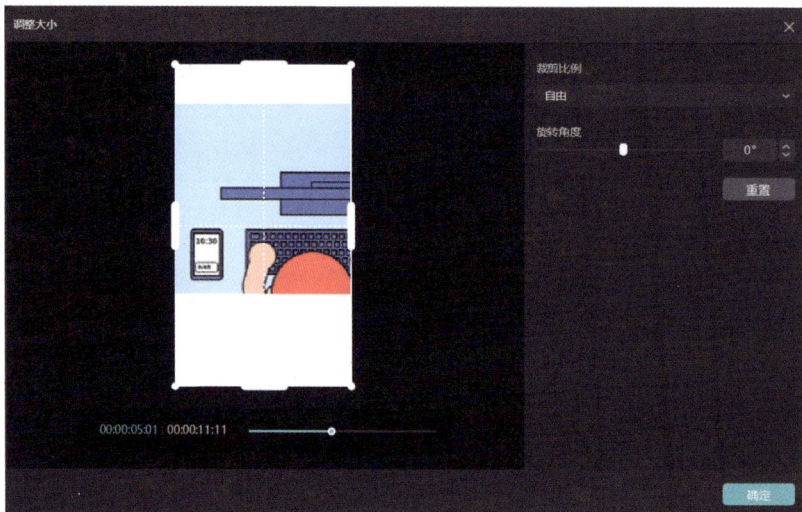

图 2-136　裁剪弹窗

拖动素材四周的白框可以对素材的尺寸进行裁剪，如图2-137所示。

除此之外，还可以单击右侧的"裁剪比例"按钮，通过固定比例对画面进行裁剪，如图2-138所示。

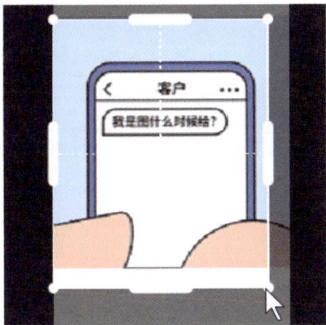

图 2-137　使用白框裁剪素材

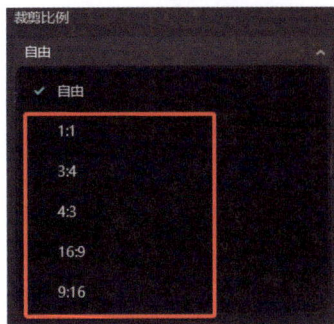

图 2-138　设置裁剪比例

还可以修改"旋转角度"的数值调整素材的角度，如图2-139所示。裁剪完成后，单击右下角的"确定"按钮即可完成对素材的裁剪。

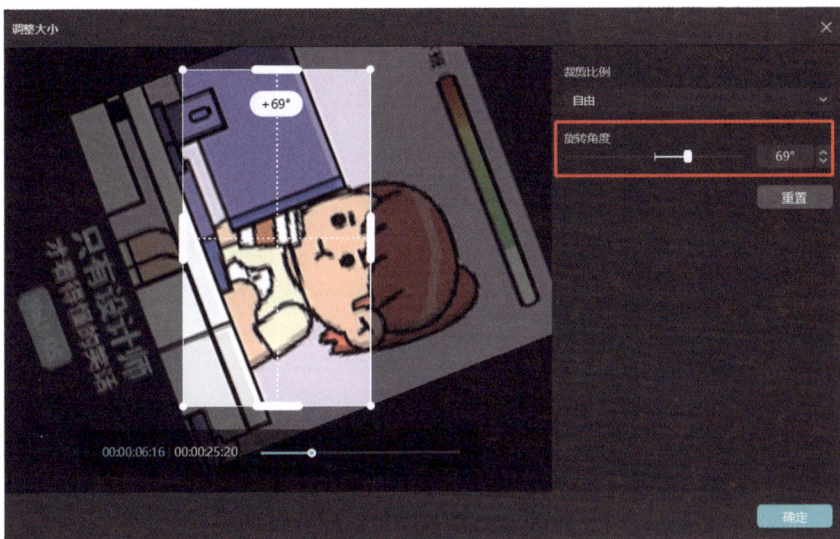

图 2-139　设置旋转角度

2.5.3　添加字幕

先将素材导入《剪映》，选择有人声的音频素材，单击"文本"选项下的"智能字幕"和"识别字幕"下方的"开始识别"按钮，如图2-140所示，软件就会自动生成字幕，如图2-141所示。

图 2-140　操作软件生成字幕

图 2-141　软件生成的字幕

选中某段字幕，在软件的右上角可以看到字幕的各项属性，可以修改字幕内容、字幕样式、字幕在画面中的位置等各项属性，如图2-142所示。

图 2-142　字幕的各项属性

2.5.4　素材属性

1. 画面设置

选中时间轴上的图片或视频素材后，在软件右上方可以调整素材画面的各项属性，如图2-143所示。

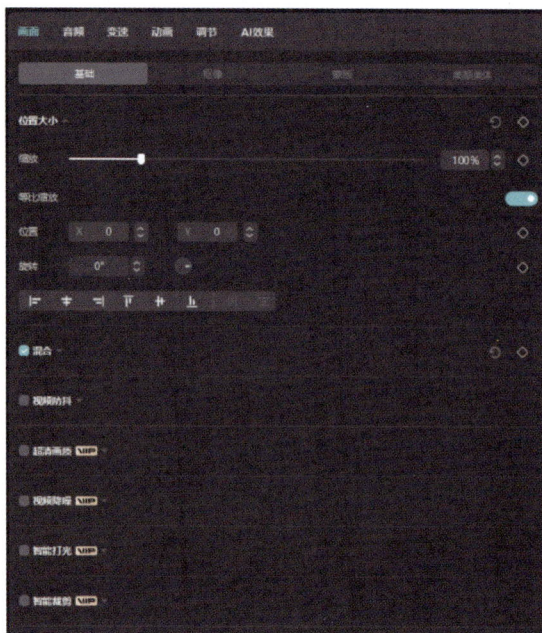
图 2-143　画面的基本属性

这里可以调整素材在画面中的摆放位置，也可以调整素材的缩放和旋转。"基础"功能的下方还有"视频防抖""超清画质"等拓展功能，这些功能操作起来比较简单，读者可自行探索，这里不再赘述。

2. 音频设置

选中素材后，单击右上方属性面板的"音频"栏，即可看到素材的各项音频属性，如图2-144所示。

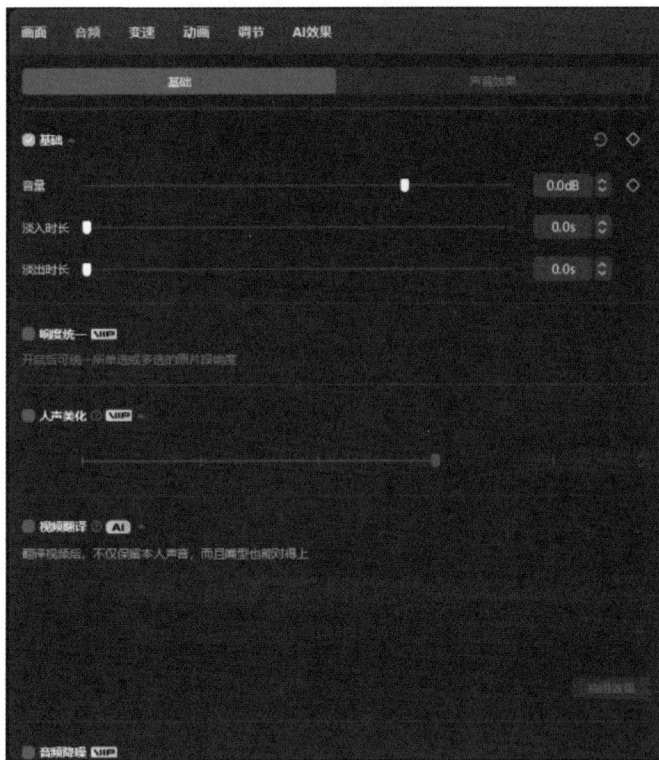

图 2-144　音频属性面板

"音量"用来调整视频的音量的大小，数值越大，音量越大；"淡入时长"和"淡出时长"用来控制音频的淡入淡出效果；"响度统一"可以让整段素材的音频响度基本一致，不会出现某一段声音过大和过小的情况；"人声美化"则会去除素材音频中的混响、喷麦和口水音，并增强声音质感。

3. 变速

选中素材后，单击右上方属性面板的"变速"栏，即可看到素材的变速属性，如图2-145所示。

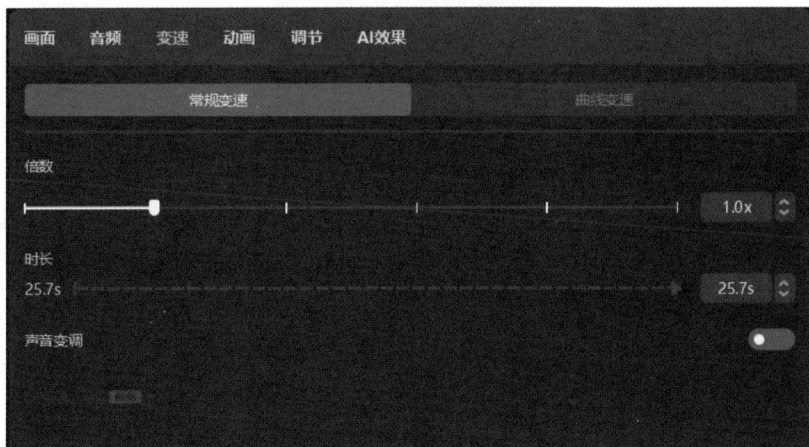

图 2-145　素材的变速属性

"倍速"用来控制视频的播放速度，数值越大，播放速度越快；也可以通过改变"时长"控制素材的播放速度。如果素材加速后，希望声音也发生变调，可以开启"声音变调"开关。

2.5.5 输出

输出之前，需要先确认画面比例是否符合平台要求。单击预览面板下方的"比例"按钮，即可看到各平台的比例选项，如图2-146所示。

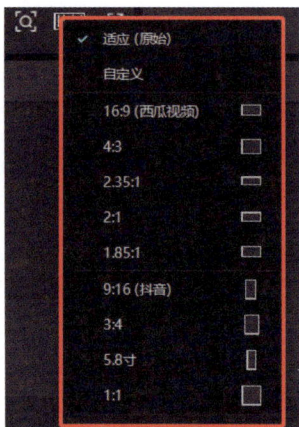

图 2-146 设置输出视频的画面比例

确认剪辑完成后，单击软件右上角的"导出"按钮，如图2-147所示。在弹出的"导出"面板中可以修改文件标题、视频的输出位置；一般软件会默认勾选"视频导出"复选框，下方的分辨率、码率、编码、格式、帧率这些属性，如果没有特殊要求，默认即可。设置完成后，单击右下方的"导出"按钮，即可完成视频的渲染输出，如图2-148所示。

图 2-147 "导出"按钮

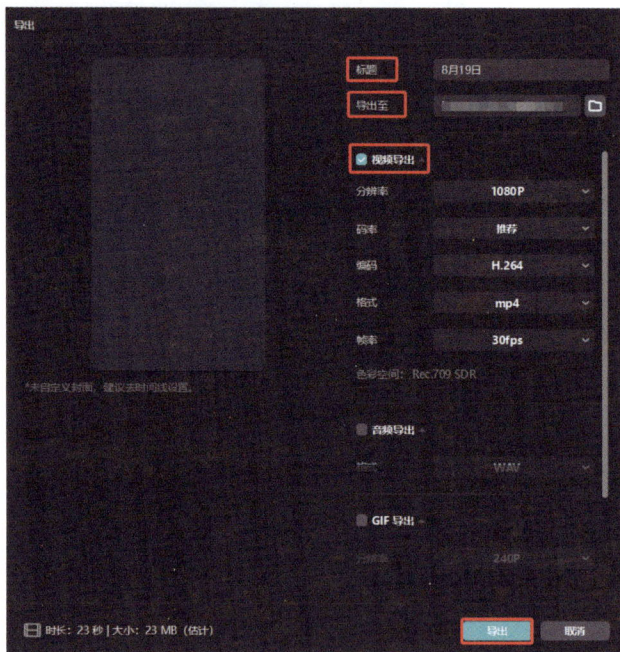

图 2-148 "导出"面板

2.6 本章小结

本章主要介绍制作动画短视频时需要用到的一些工具。这些工具有的比较简单，有的则相对专业。专业工具也只介绍了会用到的基础功能，所以整体学起来不会太难，但也需要我们投入一定的时间和精力。

熟悉了这些工具之后，制作自己的动画短视频时就会轻松很多。

第3章
动画短视频制作的 5 个关键知识点

本章讲解动画短视频制作的5个关键知识点，主要分为两部分。一部分是制作动画短视频前必须知道的知识点，没有这些知识点，制作动画短视频时会举步维艰；另一部分是制作动画短视频时要经常用到的知识点，如果每个案例都讲这些知识点，书的内容就会比较臃肿。这里将它们单独放到一章来讲解。

综上所述，本章内容非常重要，是学习后面章节的"必修"章节。如果想做出自己的动画短视频，请不要跳过本章内容的学习。

3.1 AE 的基础设置

"工欲善其事，必先利其器。"在正式制作动画短视频之前，必须先设置用来制作动画的软件——After Effects。

AE安装后，基础的设置往往不能满足我们的工作要求，我们需要针对自己的具体工作场景，进行个性化的调整。

3.1.1 设置空间插值

执行"编辑"|"首选项"|"常规"命令，如图3-1所示，进入"首选项"面板设置页面，如图3-2所示。

图 3-1 打开"首选项"面板的命令

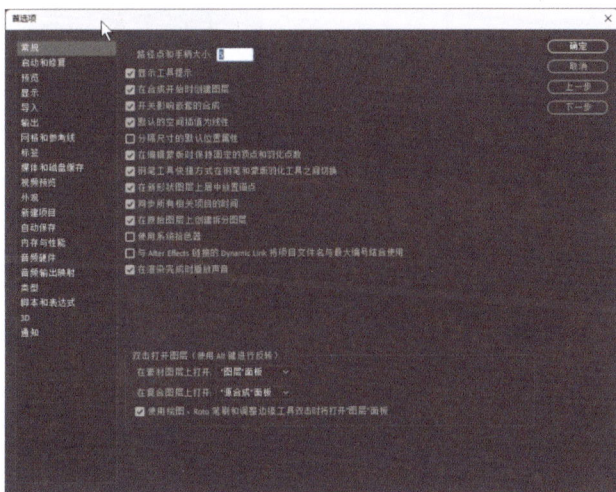

图 3-2 "首选项"面板

"首选项"面板可以理解成设置中心，AE的相关设置都可以在这里找到。

勾选"常规"标签下的"默认的空间插值为线性"复选框，如图3-3所示。

在AE中，我们经常会做位移动画。所谓位移动画，就是一个对象从画面中的A点移动到B点。

做完位移动画之后，可以在"预览"面板中看到一条虚线，这条虚线就是对象的运动轨迹，如图3-4所示。

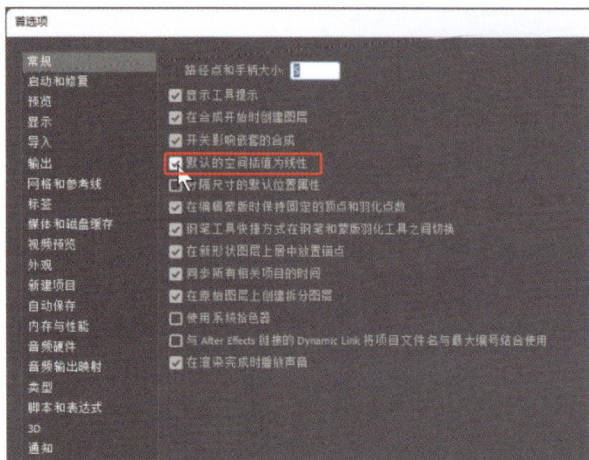

图 3-3　勾选"默认的空间插值为线性"复选框

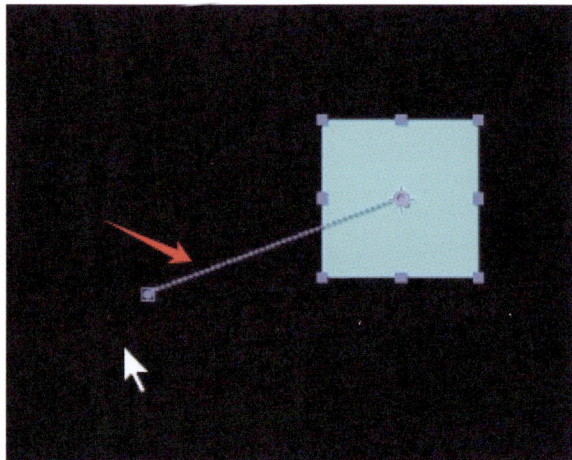

图 3-4　对象的轨迹

勾选"默认的空间插值为线性"复选框后，这条轨迹就是直线。大多数情况下，我们要的也是直线。如果想让它变成弧线，可以切换到"钢笔工具"，在轨迹的某个端点上按住鼠标拖动，即可拉出控制手柄，如图3-5所示。调整控制手柄就可以改变轨迹的路径。

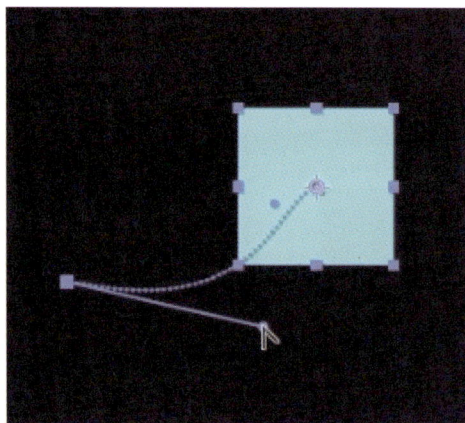

图 3-5　在端点处拉出控制手柄

3.1.2　居中放置锚点

再次打开"首选项"面板，在"常规"标签下勾选"在新形状图层上居中放置锚点"复选框，如图3-6所示。

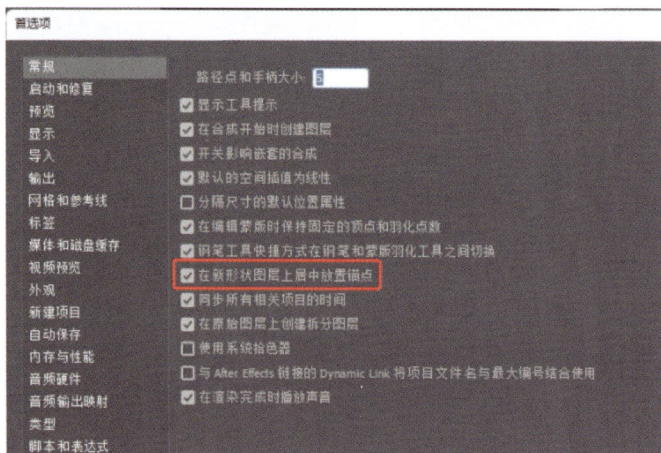

图 3-6　勾选"在新形状图层上居中放置锚点"复选框

勾选后，绘制形状时，形状的锚点就会自动居中显示，如图3-7所示。

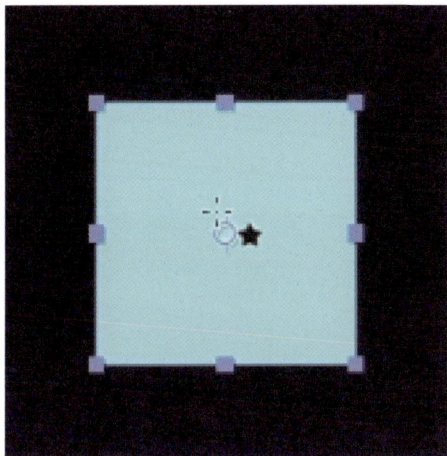

图 3-7 锚点自动居中显示

3.1.3 路径点和手柄大小

形状的锚点、轨迹和控制手柄在默认情况下可能会有点小，尤其是在尺寸较大的显示器上。此时，可以进入"首选项"面板，在"常规"标签下找到"路径点和手柄大小"设置选项，默认数值为5，如图3-8所示，可以根据情况将值调大。

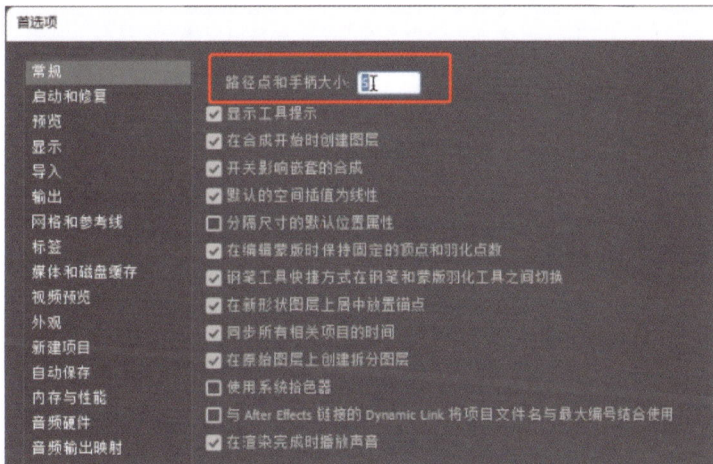

图 3-8 路径点和手柄大小设置

路径点和手柄大小设置前后效果对比如图3-9所示。

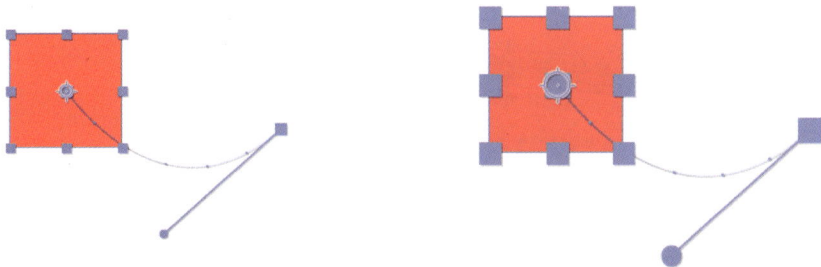

图 3-9 调整路径点和手柄大小的前后效果对比

3.1.4　脚本和表达式

使用AE时，一些能大大提升工作效率的脚本是必须安装的，但很多脚本，如果不勾选"允许脚本写入文件和访问网络"复选框是无法正常使用的。

打开"首选项"面板，在"脚本和表达式"标签下勾选"允许脚本写入文件和访问网络"复选框即可，如图3-10所示。

图 3-10　勾选"允许脚本写入文件和访问网络"复选框

3.1.5　自动保存

由于AE本身是一个比较复杂的软件，并且有很多第三方插件，所以在使用时，出现软件崩溃的情况也比其他软件多。

如果软件崩溃前没有保存内容，再次打开软件就会默认回到上次保存时的状态。为了尽量减少软件崩溃造成的工作量损失，AE更新了"自动保存"功能。默认的自动"保存间隔"是"20分钟"，笔者觉得时间过长，建议重新设置。

打开"首选项"面板，单击左侧的"自动保存"标签，将"保存间隔"设置为"5分钟"，如图3-11所示。

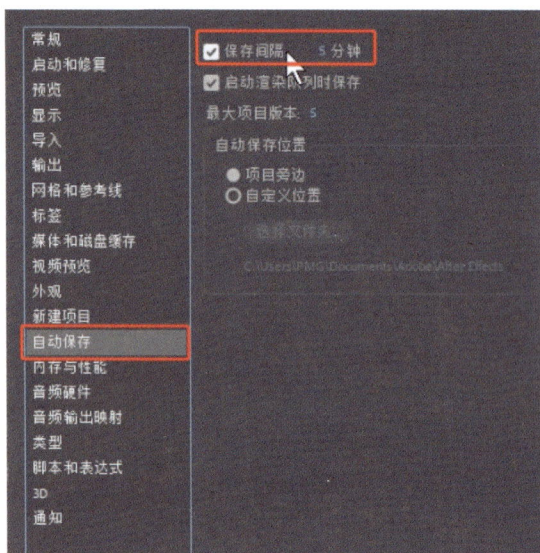

图 3-11　设置"保存间隔"为"5分钟"

自动保存生效的前提是当前项目必须已经被保存了至少一次。建议大家养成习惯，项目刚开始做时，先按Ctrl+S组合键保存到某个目录下，这样自动保存功能才会生效。

如果勾选"启动渲染队列时保存"复选框，AE就会在我们每次开始渲染时，再次保存一次。建议勾选此复选框，因为每次启动渲染队列时，就表示我们已经准备好了确定的版本，如图3-12所示。

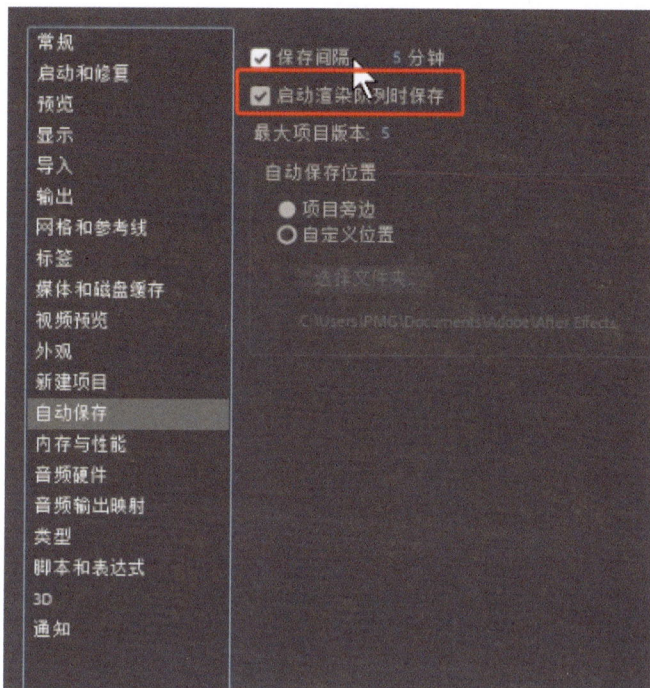

图 3-12　勾选"启动渲染队列时保存"复选框

"最大项目版本"指自动保存时，会留下一个aep文件，"最大项目版本"右侧的数字则表示AE最多会留下几个aep文件，如图3-13所示。如果自动保存次数超过5次，则时间较早的版本会被删除，永远只留下最新的5个版本的aep文件，如图3-14所示。

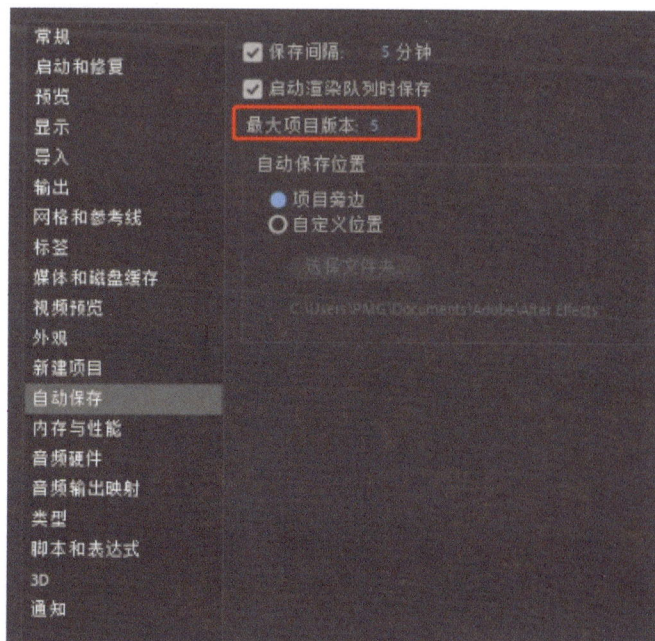

图 3-13　"最大项目版本"数量默认为 5

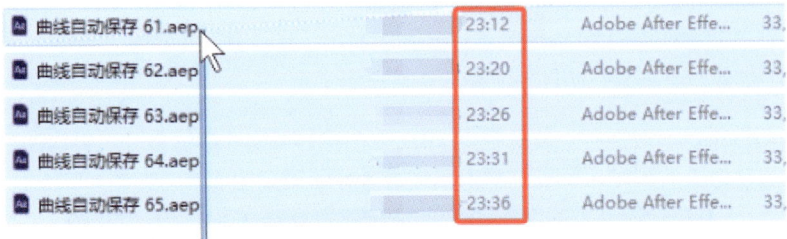

图 3-14　自动保存留下的 5 个文件

　　"自动保存位置"建议选择为"项目旁边"单选按钮，如图3-15所示，这样每次打开项目的文件夹，就能看到对应的自动保存文件夹，如图3-16所示。

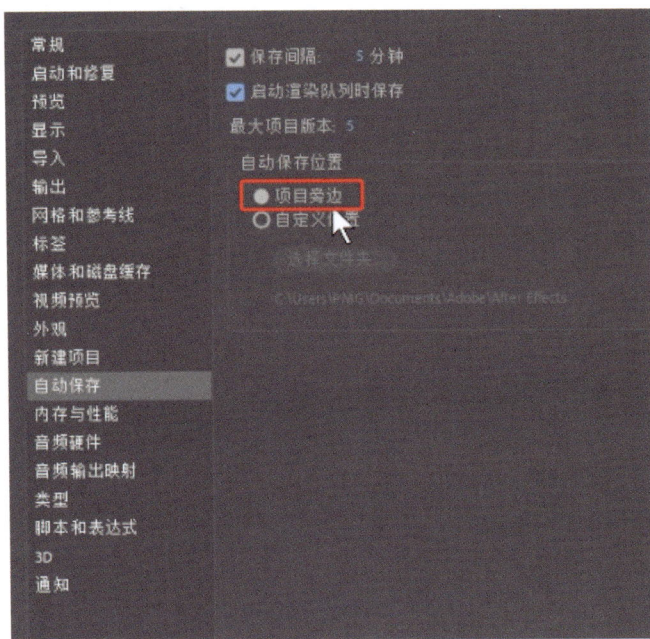

图 3-15　自动保存位置设置为"项目旁边"

图 3-16　在项目旁边的自动保存文件夹

　　如果遇到原始项目文件损坏或无法打开的情况，也不用担心。直接打开自动保存文件夹里的项目文件即可，由于"保存间隔"设置的是"5分钟"，所以最多也就损失5min的工作流。

　　开始工作前，请别忘了将它另存到和原来项目文件同级别的目录下。

3.1.6　媒体和磁盘缓存

　　在AE中预览时，会产生一些缓存文件，有了这些缓存文件，如果没有做改动，下次预览时就会直接调用这些文件，从而提升预览速度。

　　打开"首选项"面板，选择"媒体和磁盘缓存"标签，默认勾选"启用磁盘缓存"复选框，如图3-17所示。

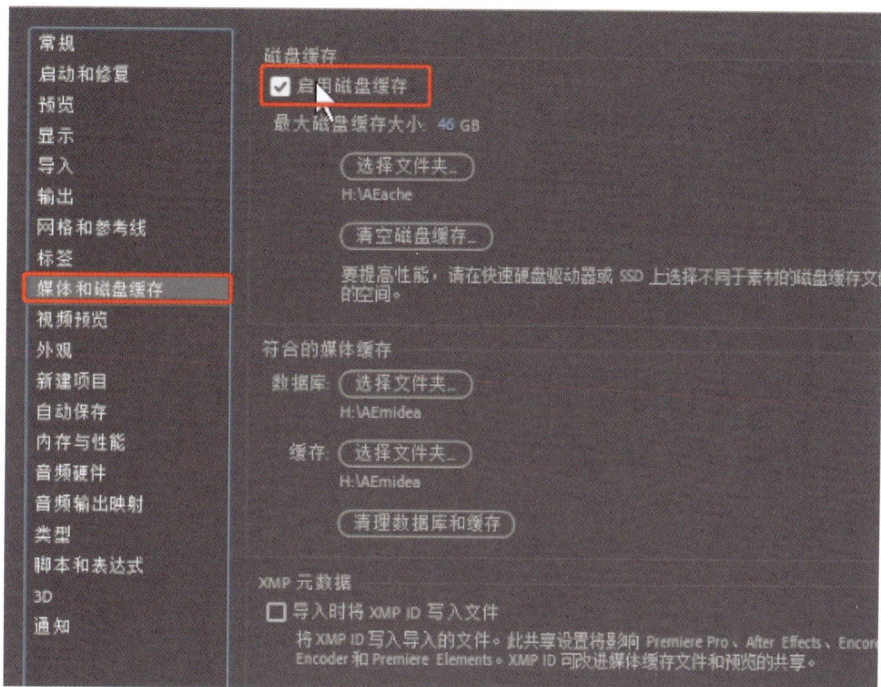

图 3-17 默认勾选"启用磁盘缓存"复选框

"最大磁盘缓存大小"可根据磁盘空间进行设置，如果磁盘空间较大，建议留到40GB以上；如果磁盘空间较小，则至少留10GB，如图3-18所示。

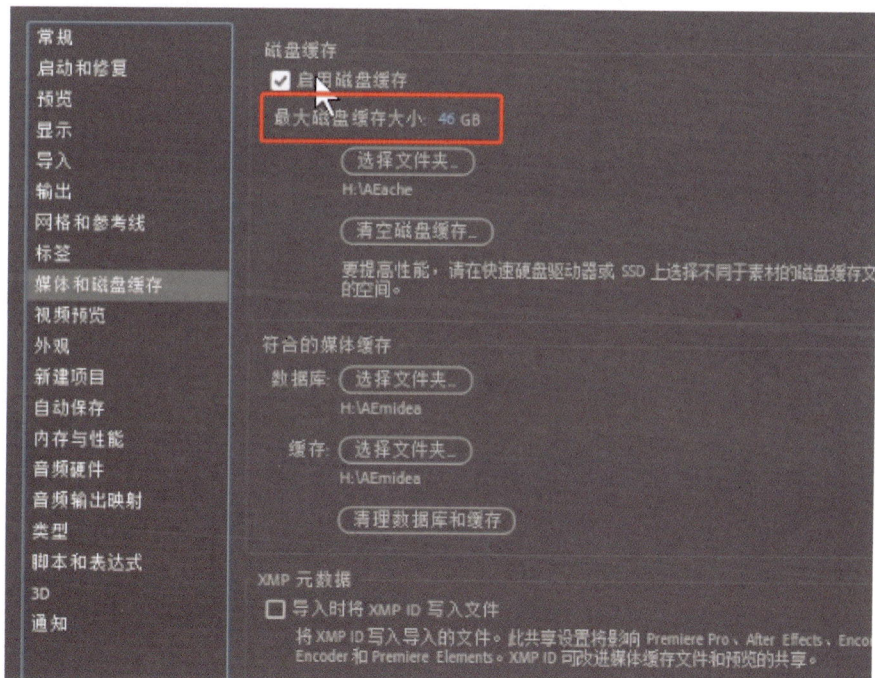

图 3-18 设置磁盘缓存大小

和项目的复杂程度也息息相关，项目越复杂，时长越长，需要的磁盘缓存空间就越大。

如果C盘空间不够，可以单击"选择文件夹"按钮，重新选择一个剩余空间较大的磁盘，如图3-19所示。如果想提升预览效率，尽量选择计算机的固态硬盘。

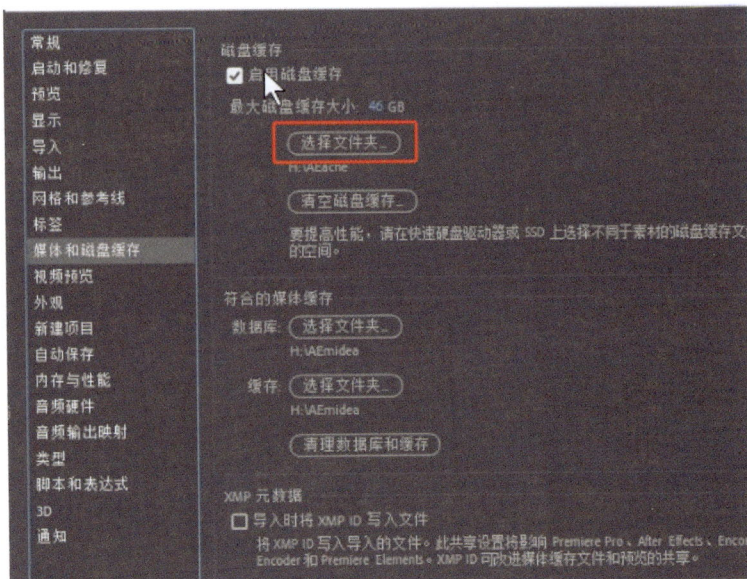

图 3-19　重新选择缓存的文件夹

如果出现渲染错误，单击"清空磁盘缓存"按钮重新渲染，如图3-20所示。

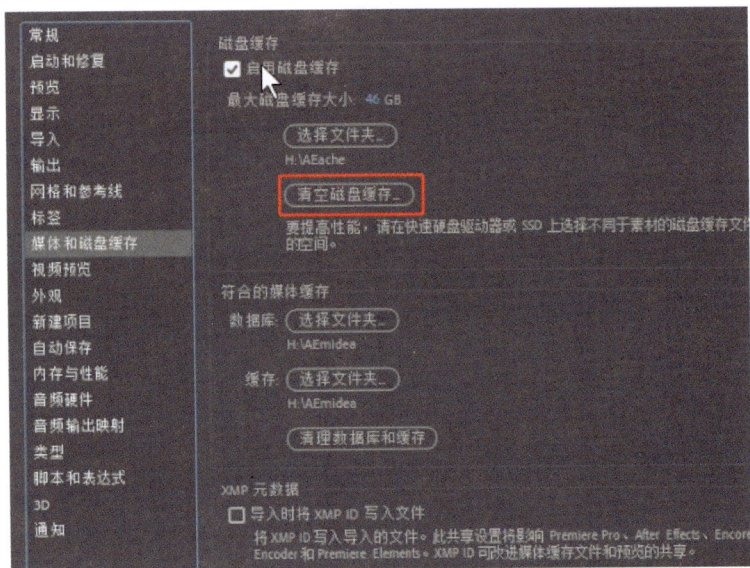

图 3-20　单击"清空磁盘缓存"按钮可以重新渲染

以上就是我们在用AE工作前，需要进行设置的几部分。

如果看图文觉得不清楚，可以在附录资料中找到本章对应的教学视频，查看更详细的操作。

3.2　运动规律

想要把动画做得自然，了解基本的运动规律是必须的。所谓的运动规律，就是一些基础物理知识。

下面详细讲解如何在AE中将这些物理知识通过一系列操作表现出来。

3.2.1　认识速度曲线

AE中表现某个属性的速度变化，主要用两种形式的曲线：一种是"速度-时间"曲线；另一种是"路程-时间"曲线，两者唯一的差别是纵轴的含义，如图3-21所示。

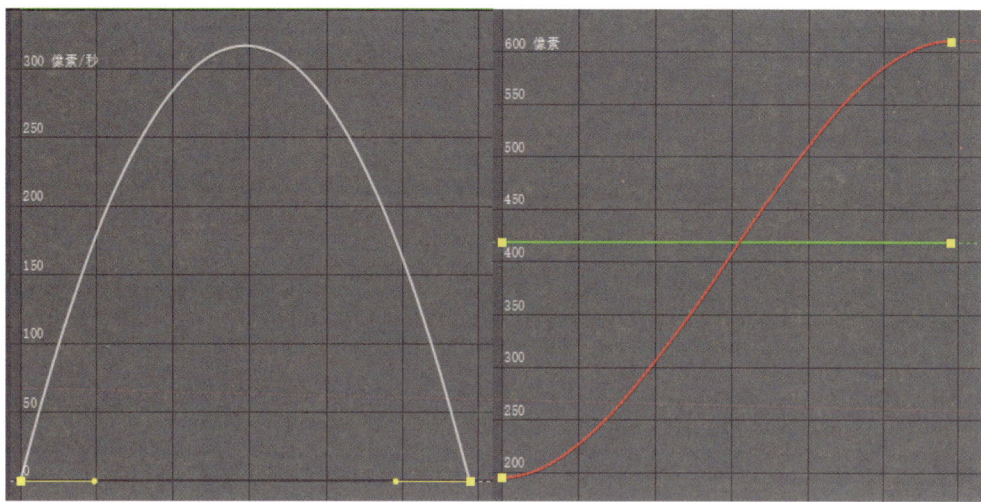

图 3-21　左图为"时间 - 速度"曲线，右图为"路程 - 时间"曲线

小贴士

在AE中，想要显示曲线，一定要选中K了关键帧的属性，否则打开图表编辑器时看不到任何曲线，如图3-22所示。

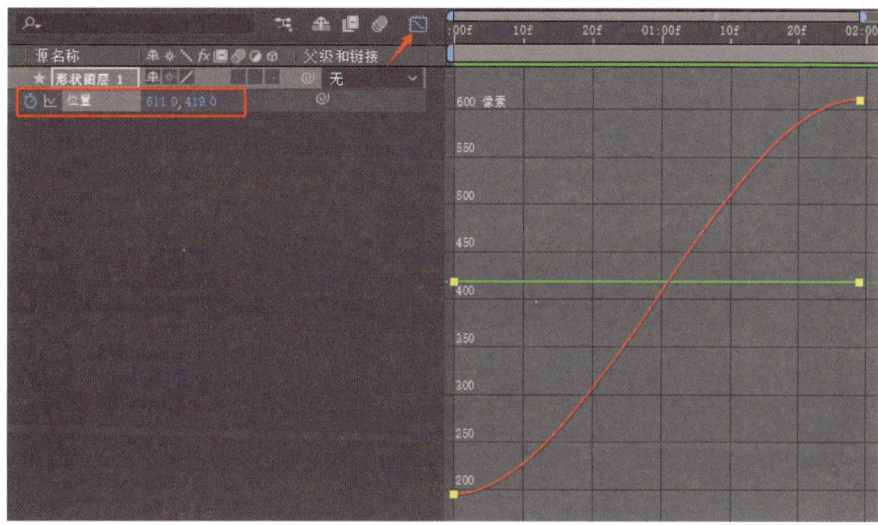

图 3-22　先选中K了关键帧的属性，再单击"图表编辑器"按钮

如果要切换曲线的种类，单击时间轴面板下方的"选择图表类型和选项"按钮，在弹出的菜单中进行选择，如图3-23所示。

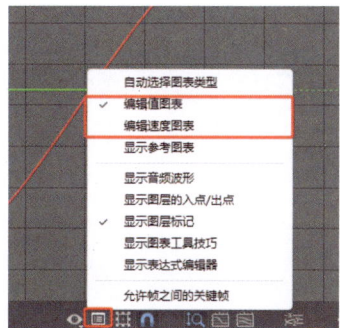

图 3-23　单击"选择图表类型和选项"按钮

63

如果是新手，建议多使用"编辑速度图表"，因为此图表更加直观，操作调整起来也更方便。默认情况下都会选择"编辑速度图表"，也就是"速度-时间"曲线。

这里以一个简单的小球位移动画为例。选中位移的关键帧后，单击"图表编辑器"按钮 ，会看到一条水平的速度曲线，如图3-24所示。

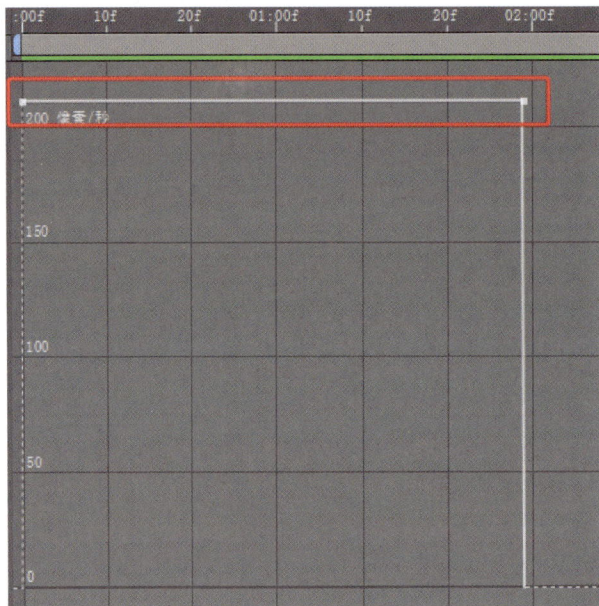

图 3-24　一条水平的速度曲线

这条曲线的含义是，随着时间的推移（横轴代表时间），速度一直保持在200像素/秒左右，也就是说，小球做的是匀速运动。

选中小球的位置关键帧，按F9键，就会得到另一条曲线，如图3-25所示。

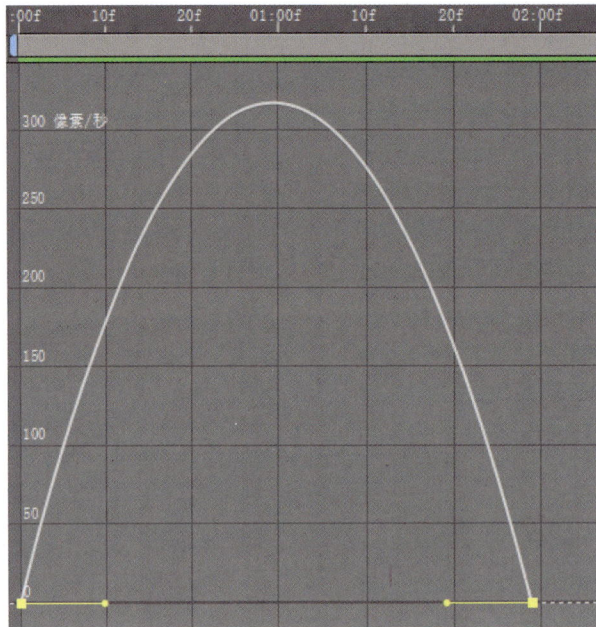

图 3-25　按 F9 键得到的曲线

观察这条曲线，可以发现，在曲线的起始处和末尾处，曲线对应的纵轴数值都是0，也就是说，在开始和结束时，小球的速度都是0。

一开始速度为0，随着时间推移，曲线的趋势在往上走，对应的纵轴数值在变大，即0～1s小球呈现的加速状态如图3-26所示。

图 3-26　0～1s 速度在持续上升

　　1～2s曲线的趋势则是往下走的，对应的纵轴数值也在不断变小，即随着时间推移，小球呈现减速状态，如图3-27所示。

图 3-27　1～2s 速度在持续下降

　　0～2s曲线代表的含义是，小球先从0开始加速，接着再减速为0。

　　选中曲线任意一侧的端点，会出现一个黄色的控制手柄，如果拖动这条曲线两端的黄色控制手柄，如图3-28所示，就会改变曲线的坡度。坡度的变化会影响曲线最高点所对应的速度，如图3-29所示，此时预览动画，会发现，球的速度变化更明显。

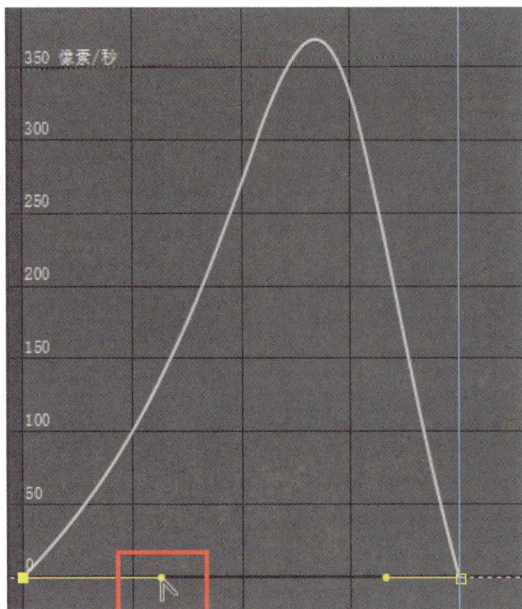

图 3-28　拖动控制手柄

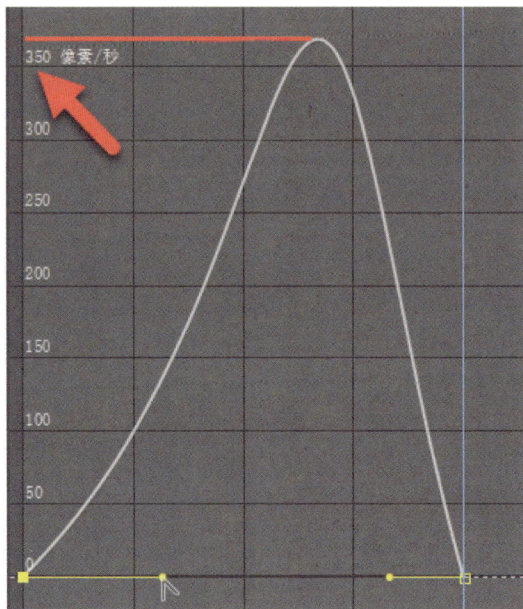

图 3-29　曲线的最高点变高了

如果想让对象的加速和减速动画更明显，可以选择调整端点的控制手柄。极端的情况下，可以调整为图3-30所示的样式。

如果将左侧端点的黄色控制手柄拉到最满，右侧端点则完全推进去，就会得到一条如图3-31所示的曲线。这条曲线的含义是，随着时间的推移，速度从0开始加速，直到加速到某个峰值。因此也叫这条曲线"加速曲线"或者"撞击曲线"。

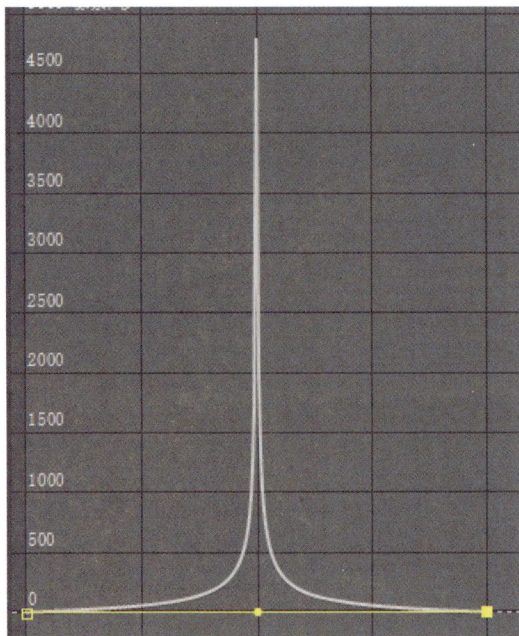

图 3-30　极端的曲线样式

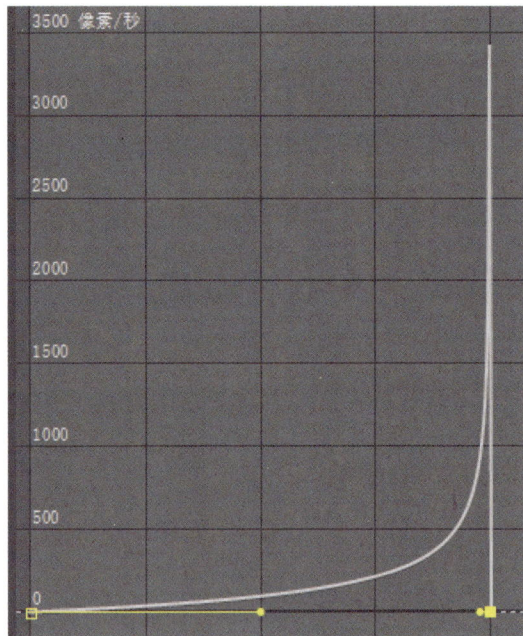

图 3-31　加速曲线

反过来，将右侧端点的黄色控制手柄拉到最满，左侧完全推进去，就会得到一条如图3-32所示的曲线。这条曲线的含义是，随着时间推移，速度在不断变慢，直到减速为0。因此也叫这条曲线"减速曲线"或者"爆炸曲线"。

学习完前面的内容，大家一定要做到，看到任意一条"速度-时间"曲线，就能"读"出它描述的运动过程。

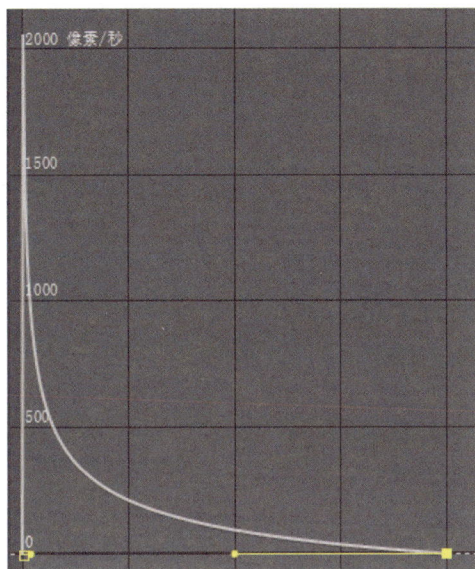

图 3-32 减速曲线

3.2.2 曲线应用法则

前面一共学习了4种曲线，分别是"先加后减曲线""加速曲线""减速曲线"以及"匀速曲线"。这4种曲线调整起来很简单，只需要调整两个端点的黄色控制手柄即可。难的是，在什么情况下用什么曲线。

下面是笔者总结的4种曲线的一般使用场景，可以覆盖80%以上的工作场景。

- 先加后减曲线：当元素在画面的A点移动到B点时；制作钟摆时。
- 加速曲线：当画面内的元素飞出画面外时；制作撞击效果时。
- 减速曲线：当画面内的元素进入画面内时；制作爆炸效果时。
- 匀速曲线：当对象不受力时；制作机械化的运动时；给不透明度或者颜色变化的属性做动画时。

小贴士

如果将曲线的两个端点一起上移，就会得到一条凹下去的曲线。这条曲线的含义是，随着时间推移，速度从某个值逐渐变小，然后再逐渐变大，也就是"先减后加曲线"。这样的曲线在日常工作中用得不多，一般称为"第五种曲线"，如图3-33所示。

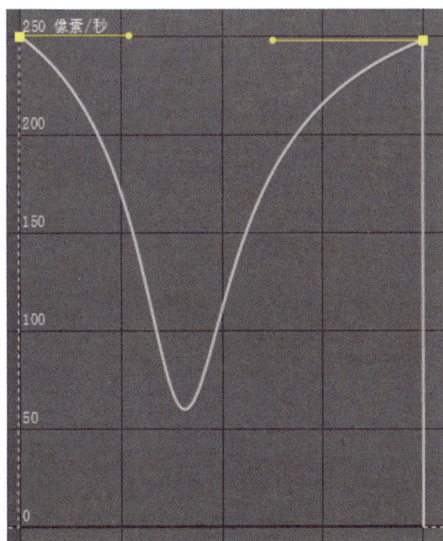

图 3-33 "第五种曲线"

动画十二法则源自迪士尼动画师在1981年出版的 *The Illusion of Life: Disney Animation* 一书。想要把动画做得生动自然，熟练地应用动画十二法则很重要。

接下来主要介绍使用频率较高的6条法则，以及它们在AE中K关键帧的技巧。全部的法则内容，大家可以自行去网络上搜索"动画十二法则"。

3.3.1 缓动

做动画时，尤其是人物的肢体动画，例如抬手，关键帧的速度变化一般不会使用线性方式，而是会加入缓动，也就是使用前面介绍的"先加后减曲线"。

做完肢体动画时，别忘了选中关键帧，按F9键，将曲线转换为"先加后减曲线"。

3.3.2 弧线

人物肢体在做动作时，一般情况下，运动轨迹都是一条弧线，而不是一条直线。给位置K完关键帧后，别忘了切换到"钢笔工具" ✐ 调整运动轨迹，如图3-34所示。

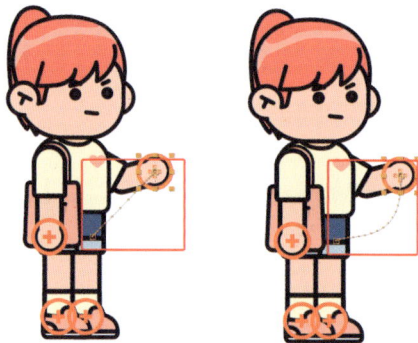

图 3-34　左边看起来比较僵硬，右边看起来比较自然

3.3.3 挤压和拉伸

如果想要给物体赋予重量感和灵活感，就要使用挤压和拉伸来体现物理变化。最典型的例子就是小球，小球在接触地面的瞬间会被压扁，在弹起的瞬间又会拉伸，如图3-35所示。

图 3-35　左侧的小球没有变形，右侧的小球有变形

制作人物动画时，一样可以使用这个技巧。例如制作人物走路动画，如图3-36所示。

图 3-36　左侧的人物没有变形，右侧的人物有变形

3.3.4 预备和过界

做一个动作之前，一般会先做一个预备动作。如果把我们要做的动作称为主要动作，那预备动作通常和主要动作的运动方式是相反的。假如主要动作是往前，那预备动作就是往后。

过界则是当物体从A点移动到B点时，不会刚好移动到B点，而是会先超出B点一点，再退回到B点，这也更符合现实世界的运动规律。

3.3.5 跟随

假设一辆小车上有一根竖直的天线，当小车从静止到运动时，天线则会因为惯性产生一个延迟运动的效果，这种动画效果称为"跟随"，如图3-37所示。

图 3-37　天线的"跟随"效果

制作"跟随"动画时，需要先给小车，也就是主体动画K帧。接着根据主体动画给跟随对象K帧，如图3-38所示。

图 3-38　K帧逻辑

3.3.6 次要动作

次要动作是在主要动作之外，那些能够帮助表达角色性格的其他动作。例如制作走路动画时，添加一个看手机的动作，如图3-39所示。

图 3-39　次要动作示例

以上是重点介绍的6个动画法则。如果自己做动画时，觉得动画看着不自然，可以回头看看是不是有哪条法则没有用上。

反过来，也不是任何时候都要把法则用上，如果用上法则是加分的，就可以留着，反之，则应该去掉。

详细的法则介绍，可以在附录资料中找到本章对应的教学视频。

如果是绘制分镜草图，在纸上、平板上、计算机上都可以。如果绘制的是高保真分镜，就必须使用Photoshop或者Illustrator这类输出文件可以导入AE中的软件。

PS可以将文档保存为后缀名为.psd的文件，AI可以将文档保存为后缀名为.ai的文件，如图3-40所示。两种文件格式都支持直接导入AE中。

图 3-40　左图为 .psd 文件，右图为 .ai 文件

> **小贴士**
>
> iPad上的Procreate绘画软件可以输出分层的PSD文件，因此，使用Procreate绘制高保真分镜也是可以的。

绘制分镜的一般步骤是什么呢？

无论在PS还是在AI中，都需要先新建一个文档，可以把文档理解成一个存放各种分镜的"分镜本"。打开"分镜本"，就可以在"分镜页"上绘制分镜。在PS或AI中再去创建画板，创建好画板后，才能正式开始创作分镜，如图3-41所示。

图 3-41　PS 中的画板（左），AI 中的画板（右）

3.4.1　在 PS 中创建画板

打开PS，单击开始页面的"新建"按钮，如图3-42所示。弹出"新建文档"面板，如图3-43所示。在面板中可以设置画板的宽度和高度，宽度和高度的设定主要由要做的视频尺寸决定。

图 3-42　新建面板

图 3-43　"新建文档"面板

这里做的是竖屏视频，设置"宽度"为1080px、"高度"为1920px、"分辨率"为72、"颜色模式"为"RGB颜色"。单击右下角的"创建"按钮，就会创建出一个文档，如图3-44所示。

图 3-44　创建一个文档

此时这个文档里并没有画板，或者说只有一个画板。想要在一个PS文档中创建多个画板，可以在上一步新建文档时，勾选"画板"选项，如图3-45所示。这样创建出来的PS文档就有画板了，如图3-46所示。

图 3-45　新建文档时勾选"画板"选项

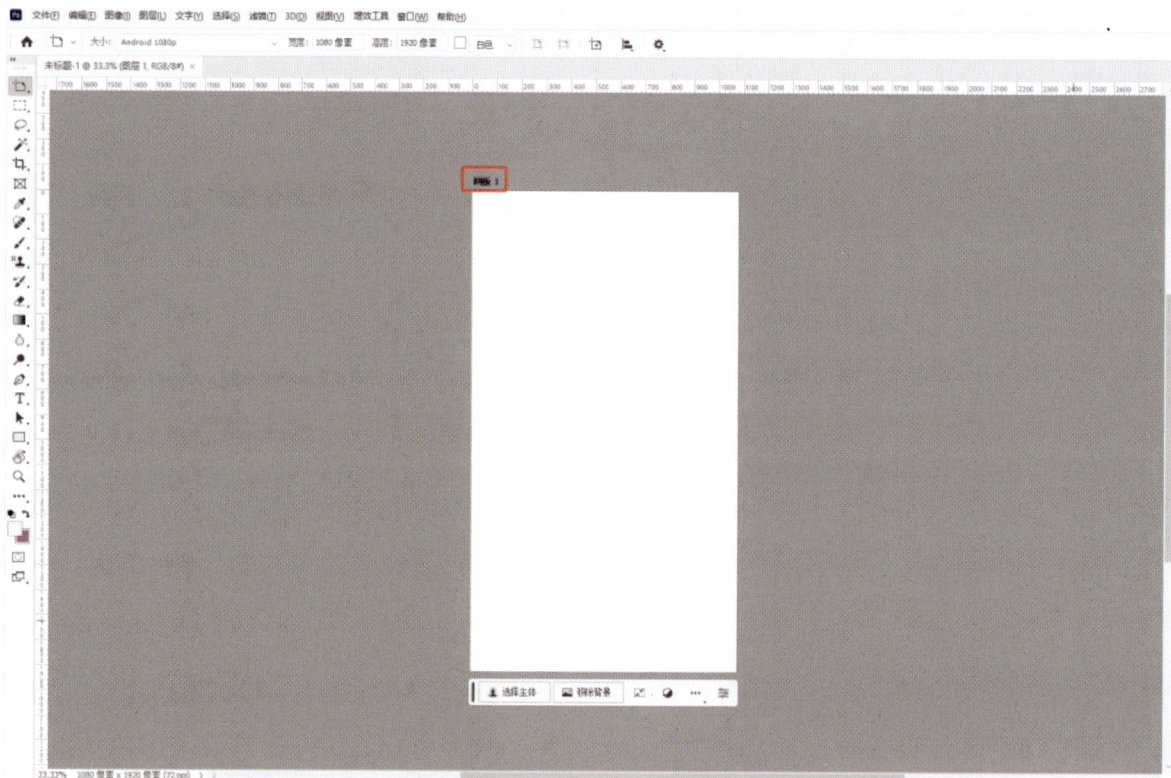

图 3-46　创建的文档中有画板

如果创建时没有勾选"画板"选项也没关系，使用鼠标长按工具栏的第一个选择工具，在弹出的菜单中选择"画板工具"，如图3-47所示。使用"画板工具"从画布的左上角一直拉到右下角，就可以将当前画布转换为画板，如图3-48所示。

图 3-47　切换到"画板工具"

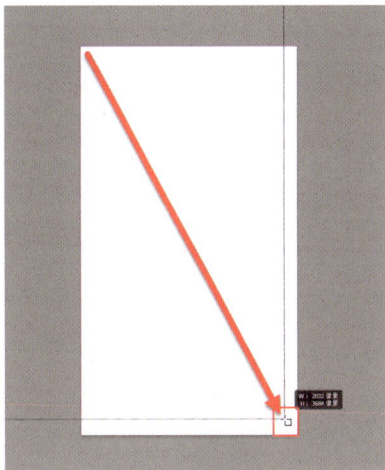

图 3-48　用画板工具将画布转换为画板

完成画板创建后，会发现"图层0"上方多出一个"画板1"，如图3-49所示。选中"画板1"，按Ctrl+J组合键，就会将当前画板复制一个，如图3-50所示。

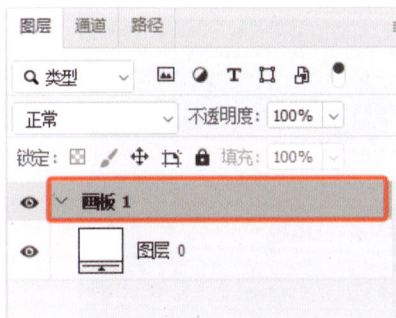

图 3-49　出现画板名称

图 3-50　复制出来的画板

除此以外，还可以先切换到"画板工具"，然后单击画板四周出现的"加号" ⊕ ，就可以创建新的一模一样尺寸的画板，如图3-51所示。

图 3-51　利用画板四周的"加号"创建画板

在AI中创建画板的部分流程和PS相似。

第一步，先创建一个文档。执行"文件"|"新建"命令，如图3-52所示。在"新建文档"面板设置"宽度"为1080px、"高度"为1920px、"颜色模式"为"RGB颜色"、"光栅效果"为"屏幕（72ppi）"。单击右下角的"创建"按钮即可完成文档的创建，如图3-53所示。

图 3-52　执行"文件"|"新建"命令

图 3-53　新建文档

我们发现，AI中的文档设置和PS文档设置非常相似。其实，这主要是由我们最终输出画面在哪些载体上呈现决定的。

在计算机或手机屏幕上呈现的内容，"颜色模式"一般都会设置为"RGB颜色"，"光栅效果"（PS中叫"分辨率"）一般都会设置为"72（ppi）"。

创建完文档后，可以看到AI的画布中央只有一个画板，如图3-54所示。如果想要创建多个画板，只需要将当前工具切换到"画板工具"，或者按Shift+O组合键，然后选中当前画板，按住Alt键，往任意方向移动光标，即可创建出一个新的具有同样属性的画板，如图3-55所示。

图 3-54　文档中只有一个画板

图 3-55　创建新的画板

如果在制作文档之前，我们已经知道需要多少个画板，就可以直接在新建文档时设定好画板的数量，如图3-56所示。这样就可以直接创建出包含多个画板的文档，如图3-57所示。

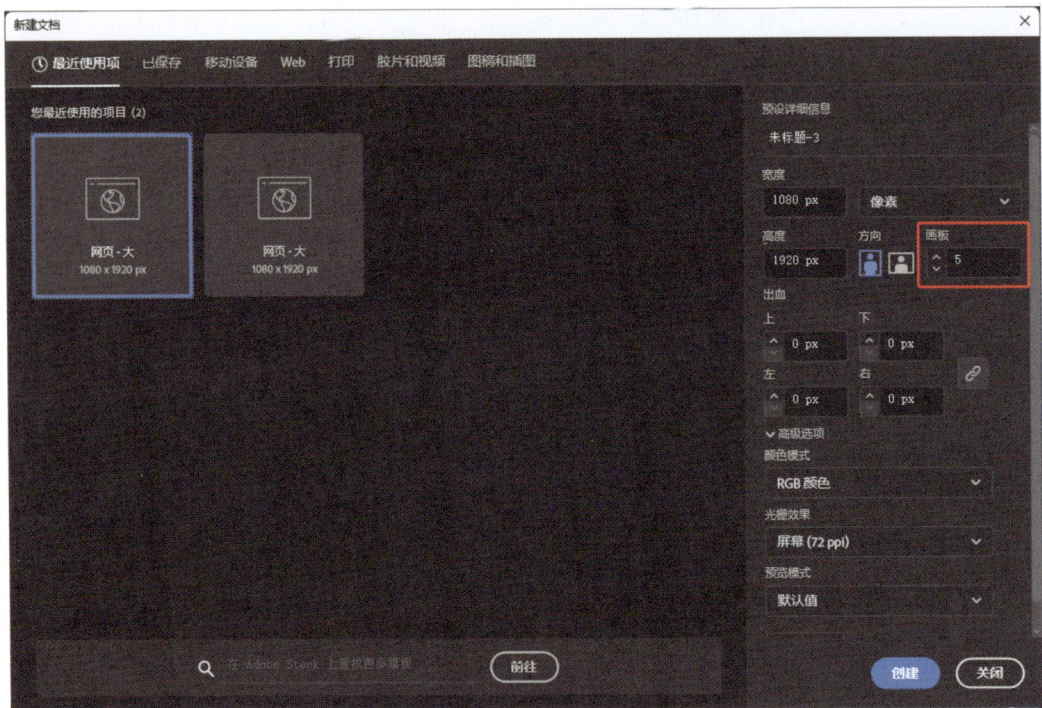

图 3-56　在创建文档时就设置了画板数量

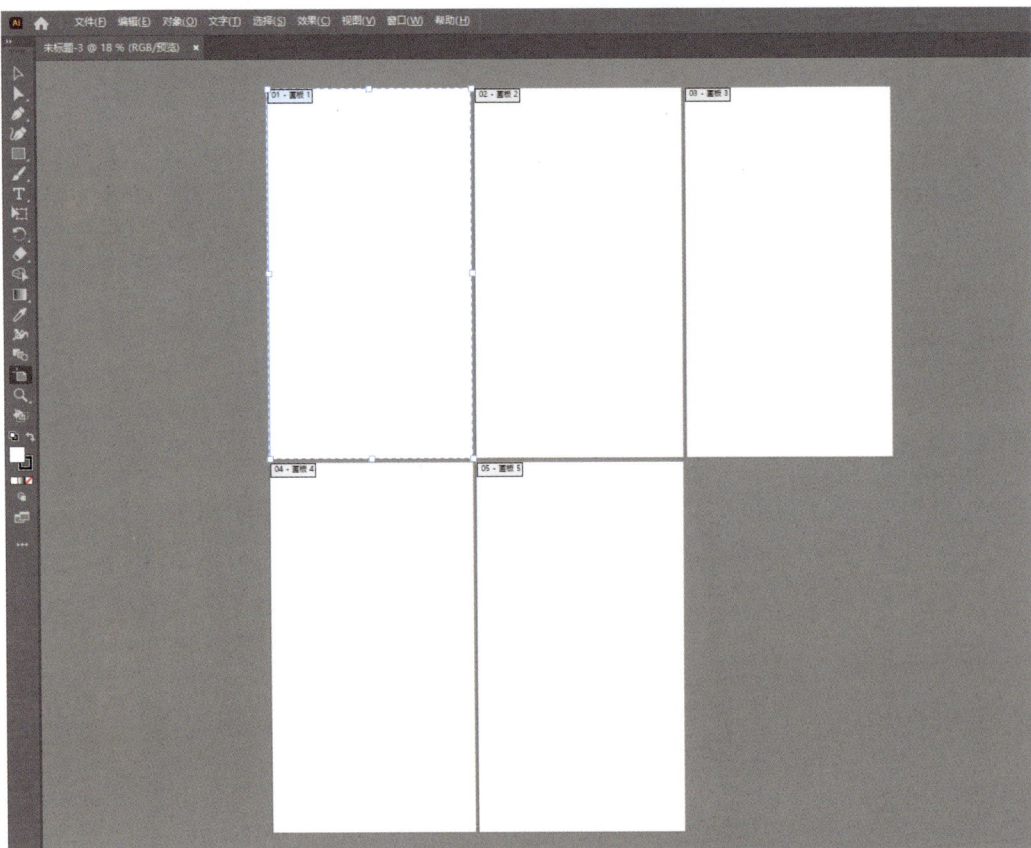

图 3-57　直接创建出包含 5 个画板的文档

如果想要删除某个画板，不管是在AI中，还是在PS中，都是切换到"画板工具"，然后选中要删除的画板，按Delete键进行删除。

3.5　图层拆分

制作剧情动画时，可能会使用一些已有的图片素材或者用AI绘画创作的素材。这些素材如果是人物，并且这个人物还要做动作，就必须先进行图层拆分。

图层拆分的过程，可以简单地理解成制作皮影戏人物的过程，将人物按照头、身体、手臂、腿的方式拆分成每个独立的部分。

实际操作的过程中，大致可以分为3个主要步骤，分别是去背景、按肢体拆分、补图。注意，大家在使用网络上的素材时，务必注意素材的版权问题。

3.5.1　去背景

如果用到的人物素材背景比较简单，例如纯白色，如图3-58所示，可以使用PS的"魔棒工具" 去背景。

魔棒工具的工作原理是一次性选中颜色相近的像素，只要用魔棒工具在白色背景的任意位置单击，就会看到所有的白色背景都被选中，如图3-59所示。

图 3-58　纯白色背景的人物素材　　　　图 3-59　白色像素的边缘有一圈虚线

此时，可以按Delete键将这些白色像素删除，实现去背景的效果。也可以按Ctrl+Shift+I组合键反选人物，如图3-60所示，再按Ctrl+J组合键复制人物即可。

图 3-60　反选后的效果

如果人物的背景比较复杂，魔棒工具很难一下子都选中背景，此时可以使用"钢笔工具" ，沿着人物的边缘创建路径，如图3-61所示。

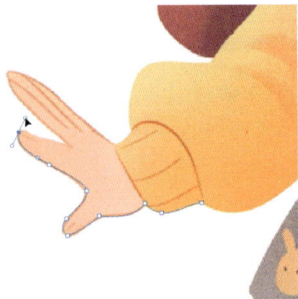

图 3-61　使用"钢笔工具"沿着人物边缘创建路径

　　创建完成后，如图3-62所示，按Ctrl+Enter组合键，将路径转换为选区，然后按Ctrl+J组合键，将选区中的人物复制出来即可。

图 3-62　使用"钢笔工具"抠出人物的部分

3.5.2　按肢体拆分

　　有了抠好的人物，就可以在此基础上进行肢体拆分。拆分就是用"钢笔工具"将人物的头、脖子、身体、手臂、腿都抠出来。

　　抠图时要注意，每部分都必须当成"完整"的来抠，而不是只抠看得见的部分，如图3-63所示。

图 3-63　左图错误，右图正确

　　抠出一部分之后，按Ctrl+J组合键将其复制出来，然后双击图层，在弹出的"图层样式"面板中添加一个"颜色叠加"样式，将"颜色"调整为灰色，如图3-64所示。再降低肢体图层的"不透明度"，如图3-65所示。这样做，既可以知道哪部分被抠出来了，也不影响抠其他部分，如图3-66所示。

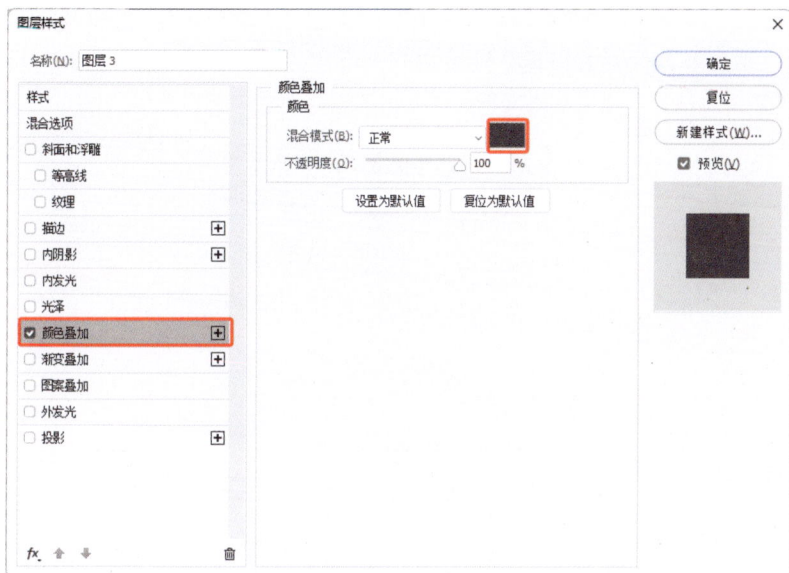

图 3-64　给抠出来的部分添加图层样式

图 3-65　降低图层的"不透明度"

图 3-66　降低"不透明度"之后的效果

用这样的方法把所有的部分都抠出来之后，会得到如图3-67所示的效果。

图 3-67　抠出每部分之后的效果

拆分手臂或腿之类的肢体时，需要保证连接处有重叠的部分，且重叠的形状最好近似一个圆形，如图3-68所示，这样肢体在做动作时才不容易穿帮。

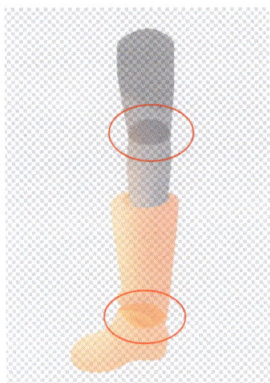

图 3-68　圈出来的部分就是重叠的部分

3.5.3　补面

补面是只对拆分后的部件上的其他图层上的部分进行修复，如图3-69所示，这样在制作动画时才不会穿帮。

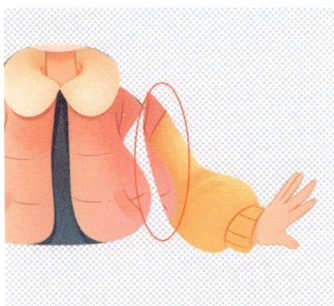

图 3-69　手臂补面前的样子

如果有手绘板，最好用手绘板操作，没有也没关系，用钢笔工具加画笔工具也能完成补面。补面虽然要"画"，但是对画的要求并不高，更多的是吸取周围颜色，再填色的过程。即使不会画画，经过练习，也能很快独立完成补面的操作。

1.使用手绘板绘制

如果有手绘板，只需要选择合适的画笔，吸取需要擦除部分周围的颜色，将擦除部分覆盖即可，如图3-70所示。

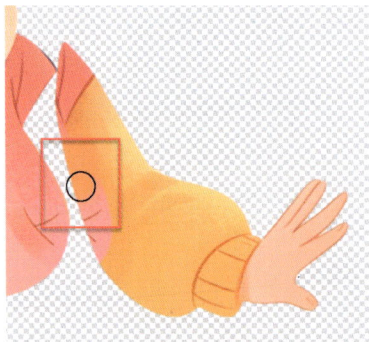

图 3-70　用画笔吸色后擦除多余的部分

为了保证容错，可以先按Ctrl+Shift+N组合键在要补面的图层上方创建一个新图层，然后将光标放到两个图层之间，按住Alt键单击，即可创建一个剪切蒙版，如图3-71所示。

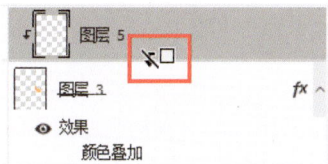

图 3-71　创建剪切蒙版

这样，如果画出来的错误太多就可以直接删除上面的图层，重新创建图层绘制。

2. 使用鼠标绘制

如果没有手绘板，也可以借助"钢笔工具" ，在需要擦除的部分上勾勒出一个形状，如图3-72所示。然后用前面介绍的方法创建一个剪切蒙版，按Ctrl+Enter组合键将路径转换为选区。如图3-73所示，选中上方的图层，使用画笔或者填充工具在选区中填上相近的颜色即可。

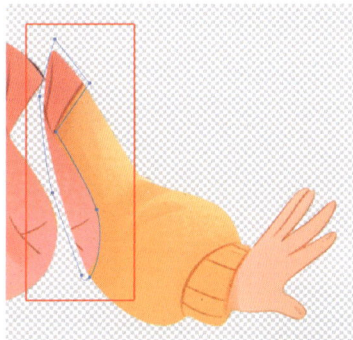

图 3-72　在要擦除的部分上方勾勒出形状

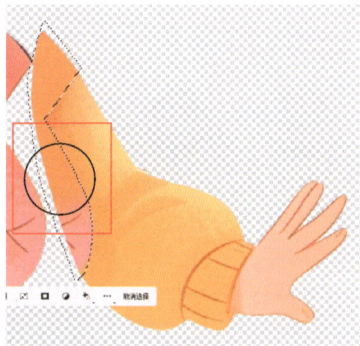

图 3-73　用画笔在选区中涂抹相近的颜色

完成补面后，效果如图3-74所示。

图 3-74　完成补面后的效果

详细的分层和补面操作在本书都有详细的视频教程，建议跟着附录资料中的教学视频完成学习和实操。

3.6　本章小结

本章主要介绍几个常用的知识点，这些知识点在后面制作动画时会反复用到。如果把制作动画短视频比喻成做菜，那我们现在就在学习如何切菜、颠勺这些基础操作。这部分内容非常重要，如果掌握得不牢，建议多学习几遍。

第 4 章
制作 Deekay 风格的剧情动画

Deekay风格是国外设计师Deekay创造并推广的一种动画风格。Deekay的动画在内容表达上幽默风趣，动作夸张有趣，在国外社交媒体平台Instagram收获了大量粉丝，如图4-1所示。

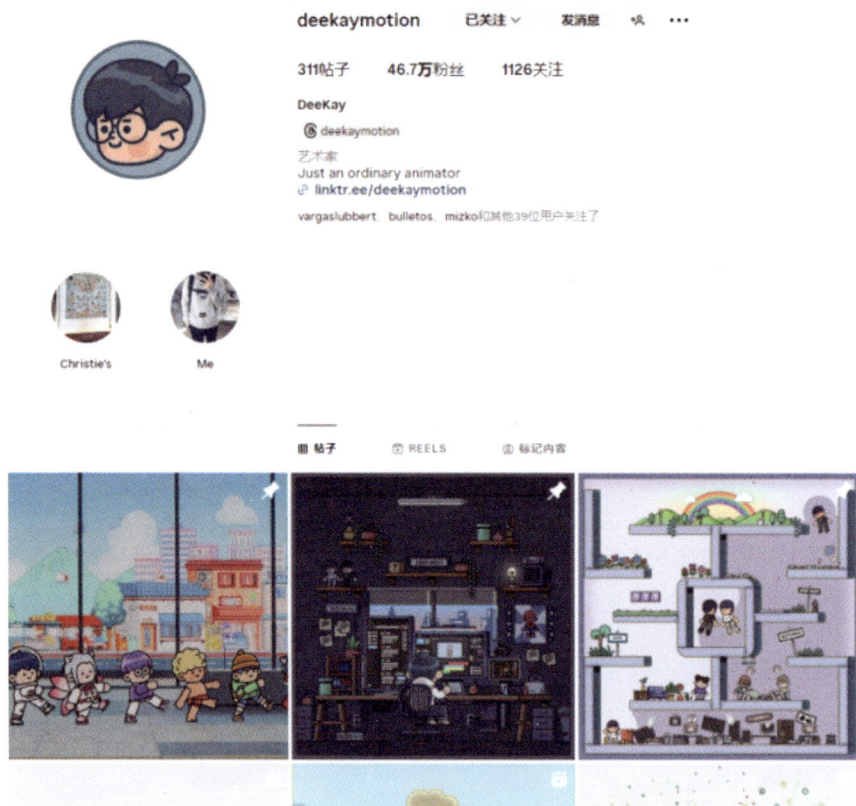

图 4-1　Deekay 的 Instagram 主页

Deekay风格的动画制作并不复杂，但需要我们掌握动画的基础原理和AE中绑定骨骼的脚本Deekaytool。本章将带领读者制作一个Deekay风格的剧情动画。

4.1　绘制分镜草图

首先根据剧情内容绘制分镜草图。在这之前必须先确定好自己的脚本。

即使没有专门负责写脚本的编导，只有自己一个人在构思剧情，也要将脑海中的画面按顺序依次绘制出来。

本案例用的是一名设计师日常工作中可能会发生的场景。内容大纲如下。

设计师小张上班时，突然收到客户消息，问他的图什么时候交付，小张回复今天下班前。

第二天，小张正在工作，客户又给小张发消息，质问小张，为什么都第二天了，也没收到图。

小张回复"我还没下班。"

下面基于内容大纲绘制分镜草图。绘制时，最好使用分镜模板，如图4-2所示。

镜号	画面	动作	对话	秒

图 4-2　分镜模板

若有手绘板等绘画工具，可以在计算机上绘制。在纸上绘制也可以，不必拘泥于细节。分镜草图如图4-3所示。

编号	画面	动作	对话	秒
1		设计师在正常工作，桌上的手机突然弹起		3
2		右手有打字和发消息动作。"下班前"消息发出去的动画		6
3		俯视视角"日常工作"手机突然亮起		3
4		右手有打字动作："我还没下班"消息弹出动画		5
5		人物特写：面容憔悴，头摇晃一下，嘴角下移		3

图 4-3　分镜草图

4.2　绘制高保真分镜

完成分镜草图后，基本可以判断这个动画是否成立。成立的标准就是观众能不能看明白剧情。

之后，可以根据草图的内容绘制高保真分镜。

高保真分镜可以理解成最终动画的静帧截图。高保真分镜画出来的效果就是最终动画呈现出来的效果，唯一的差别是，它是静态的。

制作Deekay风格的剧情动画，比起Photoshop，使用Illustrator绘制效率更高。

接下来介绍绘制高保真分镜的一般流程和技术要点。

更详细的绘制过程可以参考附录资料中本章对应的教学视频。

4.2.1　创建文档

创建文档的尺寸和我们最终输出的视频尺寸要保持一致。如果我们创作的是横屏视频，画分镜时，会创建宽度为1920px、高度为1080px的文档；如果创作的是竖屏视频，则创建宽度为1080px、高度为1920px的文档。

打开Illustrator，单击"文件"按钮，选择"新建"选项。这里我们做的是一个竖屏视频，所以在"预设详细信息"面板中设置"宽度"为1080px、"高度"为1920px、"颜色模式"为"RGB颜色"、"光栅效果"为"屏幕（72 ppi）"，如图4-4所示。

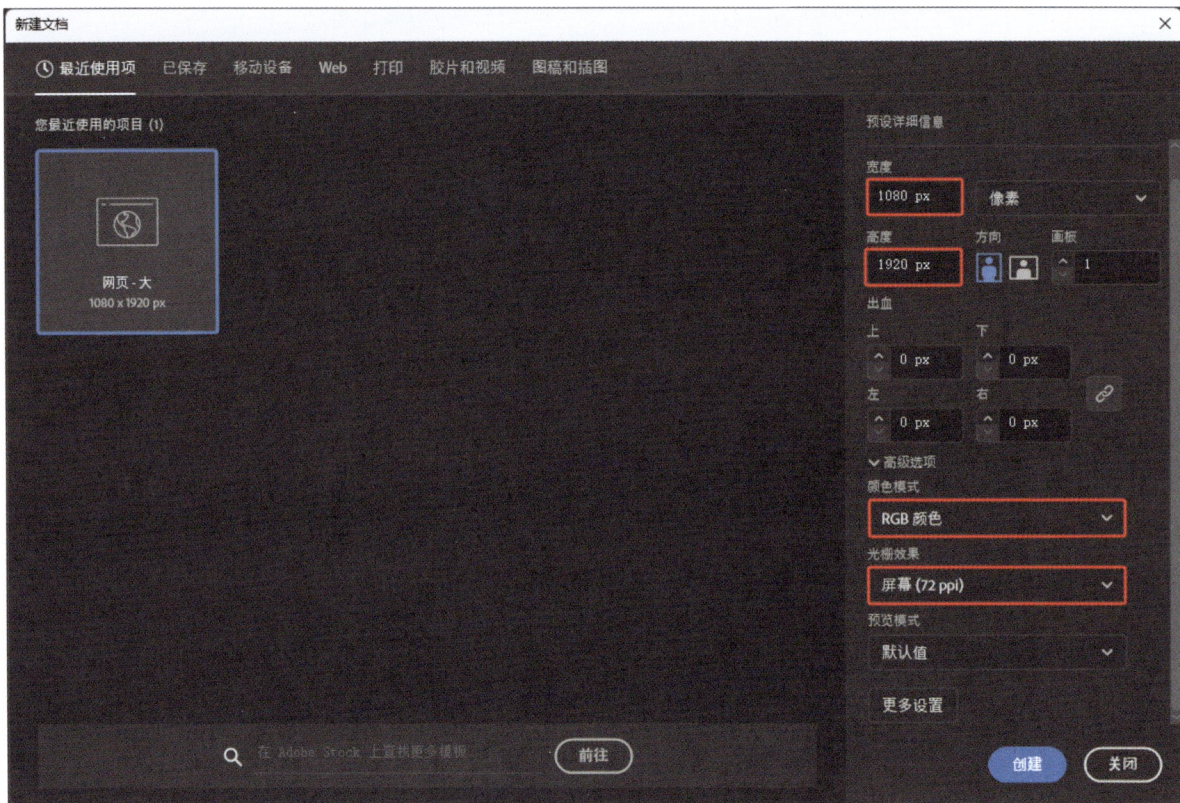

图 4-4　设置文档尺寸

如果单位不是px（像素），可以单击"宽度"右侧的下拉按钮，在下拉列表中选择"像素"选项，如图4-5所示。

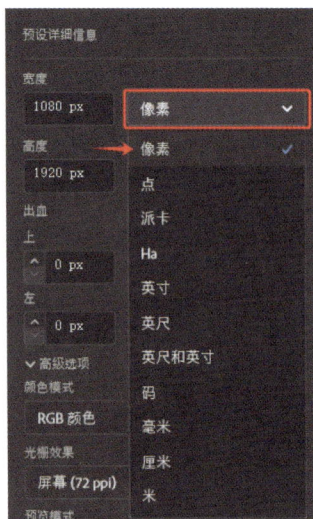

图 4-5　切换尺寸单位

4.2.2 开始绘制

创建完成后，可以使用截图工具将画好的分镜草图截图并粘贴到Illustrator文档中，作为参考，如图4-6所示。

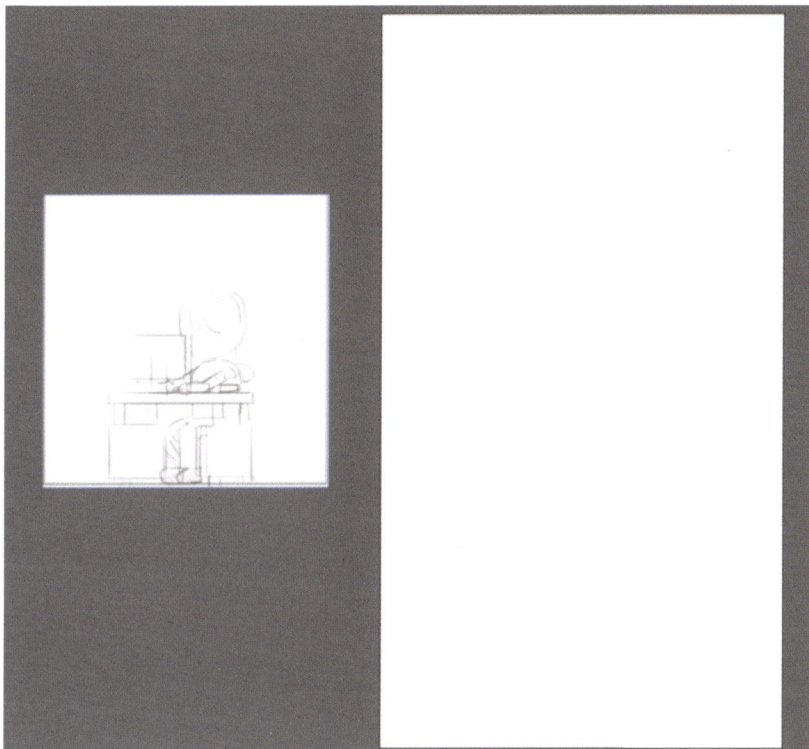

图 4-6　将草图放入文档中，作为参考

1. 人物绘制思路

绘制人物时，由于大家未必有美术基础，所以这里提供一个人物模板，如图4-7所示。

图 4-7　人物模板

打开本书附赠资料，找到人物模板。

如果要画儿童，就用图4-7所示的模板；如果要画成人，就用图4-7所示下方的人物模板。人物的发型和着装，都可以在这个模板的基础上增加。

以剧情动画为例，将画好的人物复制到创建的文档中后，可以根据草图的比例调整人物的大小，并将人物摆出和草图一致的造型，如图4-8和图4-9所示。

图 4-8　调整人物和草图的大小

图 4-9　调整人物的造型

2. 调整人物时的注意点

调整人物大小时，按住Shift键可以保持比例，否则人物会变形，如图4-10所示。

图 4-10　调整大小时不按住 Shift 键会变形

由于是绘制好的矢量图形，在调整缩放时还可能会出现描边过粗和圆角变小的错误，如图4-11和图4-12所示。

图 4-11　描边变粗的错误

图 4-12　圆角变小的错误

打开"变换"面板，同时勾选"缩放圆角"和"缩放描边和效果"复选框，如图4-13所示，才能确保缩放时，人物不会发生错误。

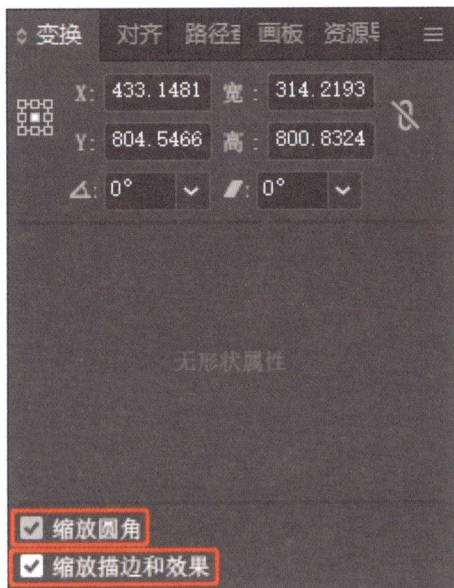

图 4-13　勾选"缩放圆角"和"缩放描边和效果"复选框

3. 场景绘制思路

Deekay风格的场景虽然看起来复杂，但绘制起来其实很简单，因为它们都是由一个个简单的形状拼合而成，如图4-14所示。

图 4-14　Deekay 风格的场景

在真实的绘制过程中，我们要做的其实就是不断画形状、摆位置，场景就绘制完成了。

真正有难度的地方是，我们经常不知道场景中的物件应该怎么画。其实解决这个问题的思路很简单，就是找到真实的参考。

还是以4.1节开头的内容大纲为例，第一个场景中，人物是坐在办公桌后面的，所以我们就要画一个办公桌，打开百度或者花瓣网搜索"办公桌"，如图4-15所示。

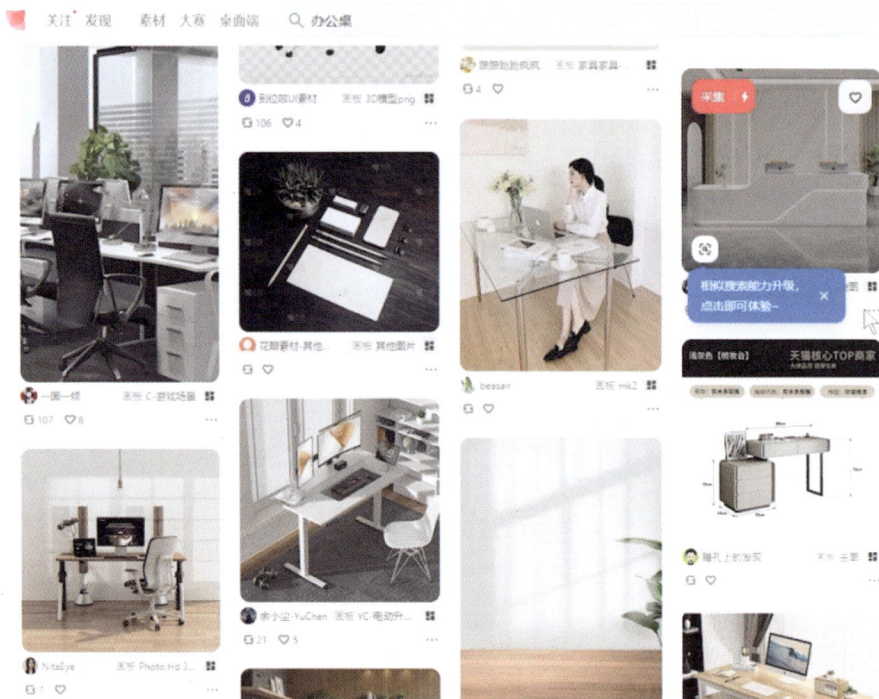
图 4-15　在网上搜索"办公桌"

找到合适的参考物后截图放到Illustrator中，然后用形状工具直接开始绘制即可，如图4-16所示。

图 4-16　用 Illustrator 绘制办公桌

4. 绘制场景时的注意点

绘制Deekay风格的场景时，尽量保证场景中每个物件的描边粗细是一致的，这样画面看起来会更有统一感，如图4-17所示。

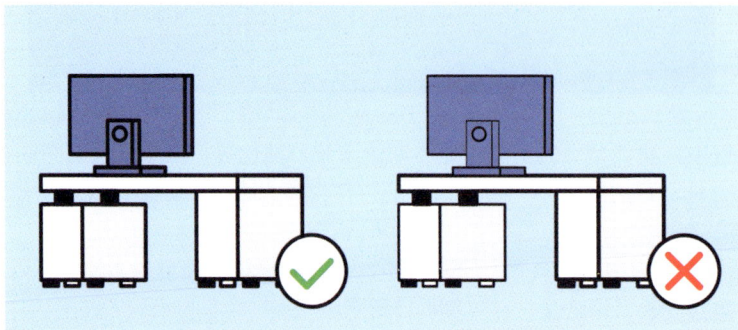
图 4-17　右侧的办公桌元素粗细就各不相同

偶尔也会遇到特殊情况，例如某个对象内部的小元素的描边可以略细，否则由于空间限制，对象内部的小元素就没法画了，如图4-18所示。有些时候，我们也要灵活变通，但是对象外部的描边粗细一般和其他对象一致。

图4-18　手机在画面中的比例较小，消息弹窗的描边粗细就不能和手机一致

> **小贴士**
>
> 如果画完之后，不确定画面内的描边粗细是否确实一致，可以切换到"吸管工具" ，然后选中所有对象，在某个描边一定正确的对象上单击，即可将所有对象的描边都调整为一致。

5. 分镜绘制思路

每个动画都要绘制多个分镜，但我们一般不会在Illustrator中创建多个文档，而是会把所有分镜都放在一个文档中。

不仅是因为Illustrator的文档支持创建多个画板，更重要的是，在一个画面中就能看到所有分镜，方便调整修改。

在Illustrator中，创建画板的方式很简单。只需要按Shift+O组合键或者切换到"画板工具" ，就可以直接在画布中绘制新的画板，如图4-19所示。

绘制完成后，可以在"属性"面板看到画板的相关属性。本案例中设置"宽度"为1080px、"高度"为1920px，如图4-20所示。

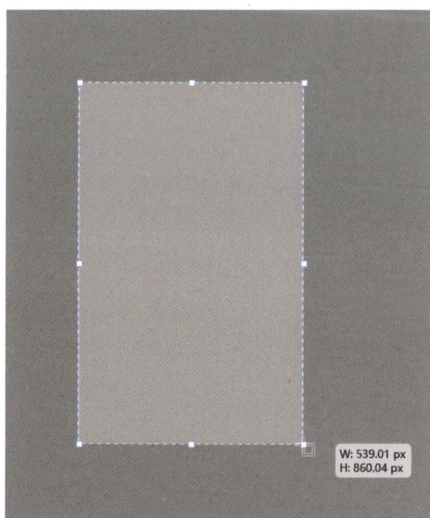

图4-19　绘制新的画板

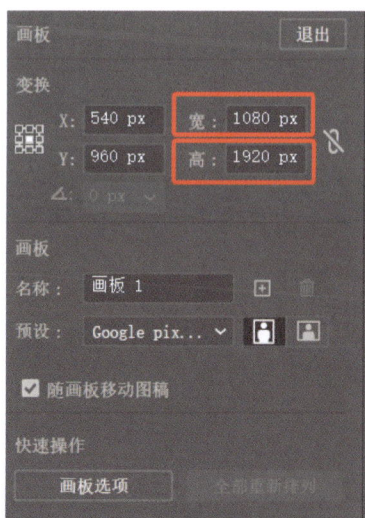

图4-20　调整画板的属性

除此之外，还可以选择直接复制已有的画板。切换到"画板工具" ，然后按住Alt键，将已有的画板拖动到一侧，就实现了复制画板，如图4-21所示。

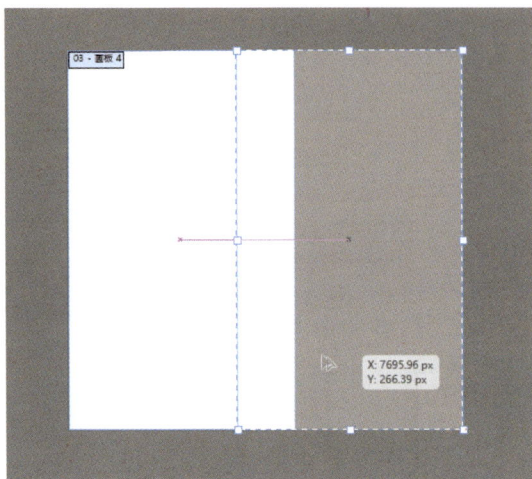

图 4-21 复制画板

小贴士

绘制分镜时，我们经常会误点一些画好的对象，例如背景。可以在选中这个对象后，按Ctrl+2组合键将它锁定，这样就可以避免误触情况的发生。需要操作这个对象时，可以按Ctrl+Alt+2组合键将其解锁。

注意，如果文档中包含多个锁定对象，使用解锁快捷键后，所有锁定对象都会被解锁。

本案例做了一个正方形的浅蓝色背景，绘制分镜之前，需要做的第一件事就是选中背景对象，并将其锁定，如图4-22所示。

图 4-22 锁定背景

4.3 制作动画

高保真分镜绘制完成后，就可以开始制作动画。制作动画的过程，可以简单地理解为让每个分镜都"动起来"的过程。

这里也需要注意，分镜绘制得再好，制作动画时也需要灵活调整，因为做动画的首要目标就是确保观众能看懂。

下面介绍制作动画的详细步骤。

4.3.1 文件导入

制作动画的第一步，是将绘制的分镜素材导入After Effects中。

导入文件需要用到一个扩展插件——Overlord。本书附赠资源中可找到安装包，具体安装过程可看本书附赠视频。

Overlord安装后，在Illustrator顶部的窗口菜单的扩展里可以找到，如图4-23所示。

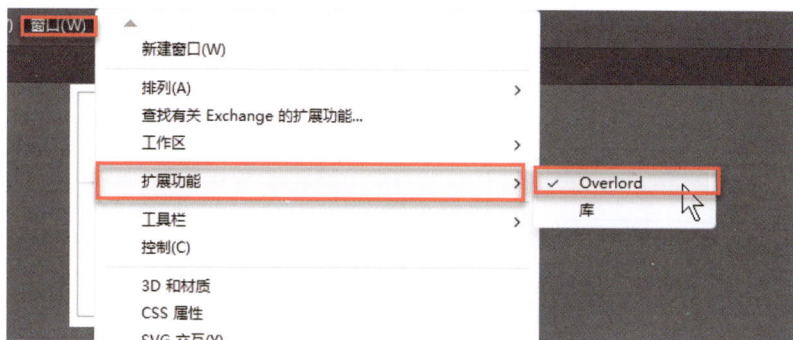

图 4-23　在顶部窗口中找到 Overlord 插件

选择插件后，就可以在软件中看到Overlord面板，如图4-24所示。

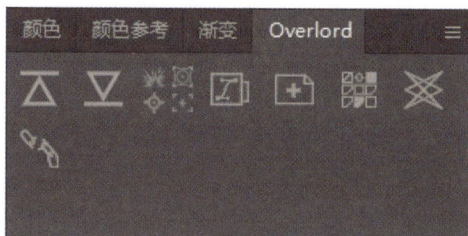

图 4-24　Overlord 面板

打开AE，单击"创建合成"按钮，在AE中创建一个合成。合成的尺寸需要注意，应该和绘制分镜的画板尺寸一样大。

由于做的是一个竖屏视频，所以在Illustrator中绘制分镜时，创建的画板尺寸为宽度1080px、高度1920px。在AE中创建合成时，应该将合成的尺寸也改为宽度1080px、高度1920px。

"帧速率"一般设置为"30"；"像素长宽比"务必选择"方形像素"；"持续时间"设置得比分镜草图定义的时间略长即可，本案例"分镜1"在草图里设定的时间是3s，在AE中创建合成时，可以将持续时间定义为5s，如图4-25所示。

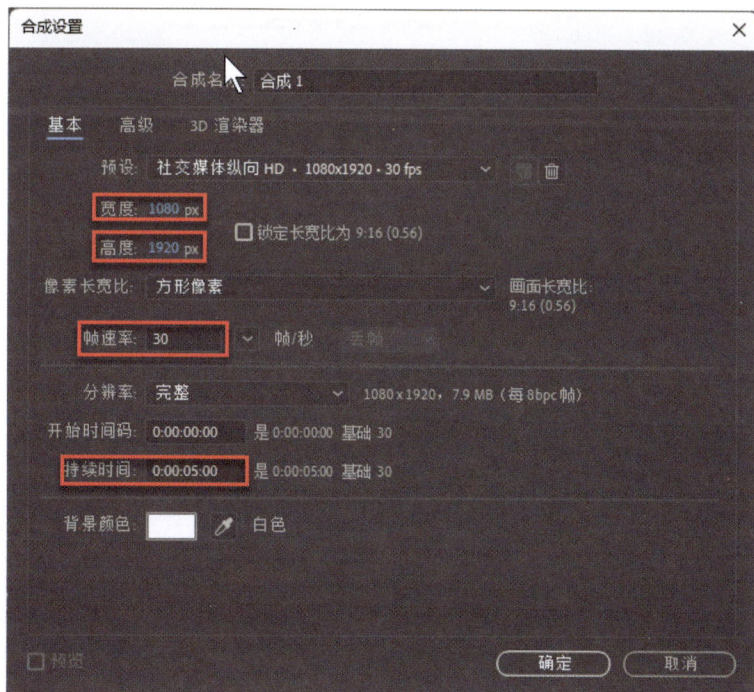

图 4-25　新建合成的各项参数

定义较长时间的原因：一是留足容错时间；二是在AE中缩短合成的时间很容易，但是延长合成时间可能要修改每个图层的时间长度，比较麻烦。

绘制分镜时后面的背景就是白色，所以"背景颜色"设置为白色。

确保AE中的合成尺寸和Illustrator中的画板尺寸一样大的另外一个好处是，使用Overlord导入素材时，素材的位置不会偏移。

在正式导入之前，可以按Ctrl+Alt+2组合键解锁所有锁定元素。然后框选画板中的所有元素，激活Overolord的"拆分开关" ，最后单击"导入"按钮 ，如图4-26所示，就可以将画好的分镜素材全部以分层的形式导入AE，如图4-27所示。

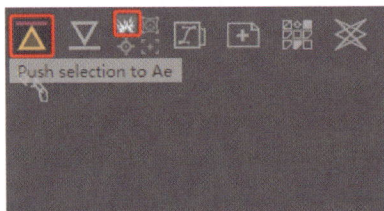

图 4-26　确保激活拆分开关，单击"导入"按钮

图 4-27　用 Overlord 将画好的素材导入 AE

这时发现人物的素材错位了，这个现象主要是跟在Illustrator中的编组方式有关，编组过多有概率会导致这个问题出现。

遇到这种情况，有两个解决方案。

第一个解决方案，导入时，不要激活"拆分开关" 💥 ，直接导入。这样导入AE后，元素的位置就是正确的，如图4-28所示。但我们会发现时间轴上只有一个图层，这样是没法做动画的。

图 4-28　不激活拆分导入的结果

此时，我们需要用到另外一个插件——AE的ExploderShaperLayers。这个插件放在脚本包中，具体可看本书附赠视频。

选中图层，单击"拆分"按钮 ⬛ ，就可以将这一个图层中包含的组全都拆开，如图4-29所示。

第二个解决方案，在Illustrator中双击人物内部，如图4-30所示，选中头、身体、手臂逐个导入，导入时不要激活"拆分开关" 💥 ，这样也可以规避错位的问题。

总之，成功的导入要确保两件事，第一件是各元素在AE中的位置和在AI中的位置是一样的；第二件是元素之间要有分层，分层的依据一般有两个，一是元素需要做独立的动画，二是元素和其他元素之间有遮挡和被遮挡的关系。

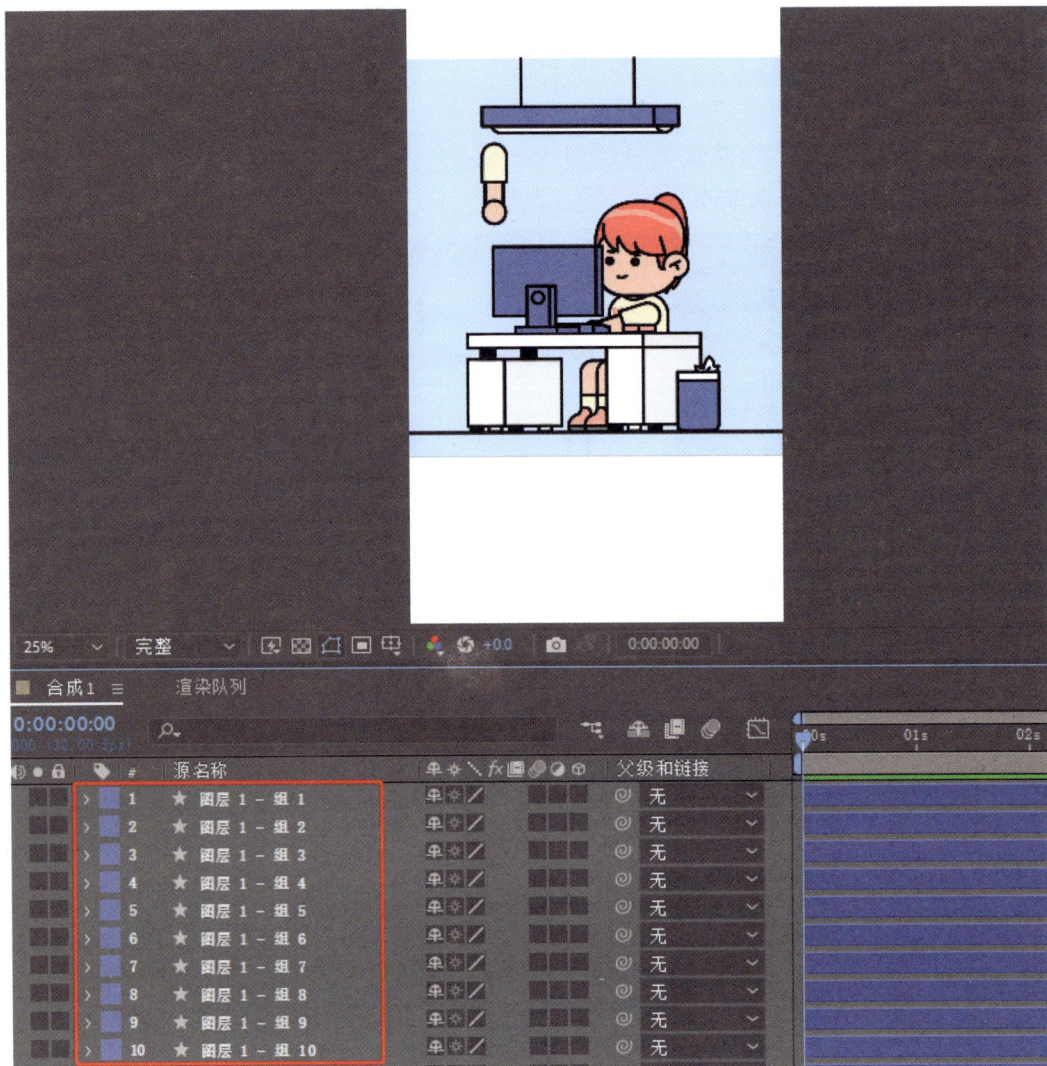

图 4-29　用 AE 的脚本拆分

图 4-30　双击某个组可以进入这个组的内部

4.3.2 骨骼绑定

涉及人物时，为了提高K关键帧的效率，一般会选择绑定骨骼。由于绑定骨骼也需要一定的工作量，所以并不是任何人物动画都需要绑定骨骼。

本案例的"场景1"中，人物不仅要有手臂前后移动做出正在工作的样子，还要有身体带动头的惊讶动作，所以需要先绑定骨骼，再制作动画。

1. 创建骨骼

Deekay风格的动画，一般用DeekayTool或者CharacterTool插件来实现绑定。偶尔也会使用Duik。

DeekayTool的安装包在本书附赠资源中。

这里以角色的手臂为例，讲解用DeekayTool绑定肢体骨骼的全流程。

首先，准备一条竖着的手臂，这条手臂是我们画好的，它主要用来作为样式和尺寸的参考。

安装完插件后，执行"窗口"|"扩展"|DeekayTool命令，如图4-31所示，就可以调出这个插件，如图4-32所示。

图 4-31 找到 DeekayTool

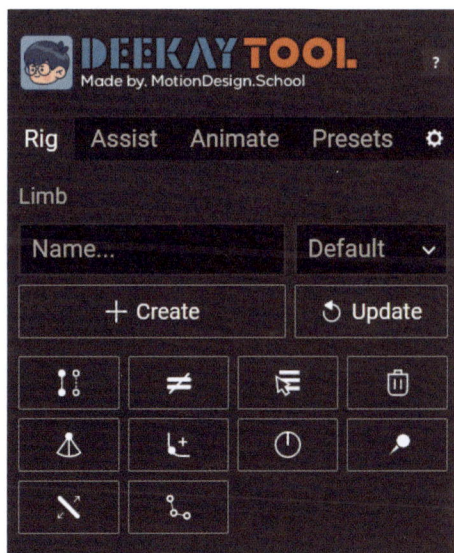

图 4-32 DeekayTool 插件面板

单击插件面板中的Create（创建）按钮，可以看到一个弹窗，如图4-33所示。这个弹窗主要用来设定即将创建的肢体的基本属性和样式。

由于做的人物风格是有描边的，所以需要勾选Outine复选框。Caps复选框用来控制端点的样式，创建肢体时，一般选择两头都是圆形的端点。这里勾选最左和最右的两个样式，如图4-34所示，它们分别控制两侧的端点样式。

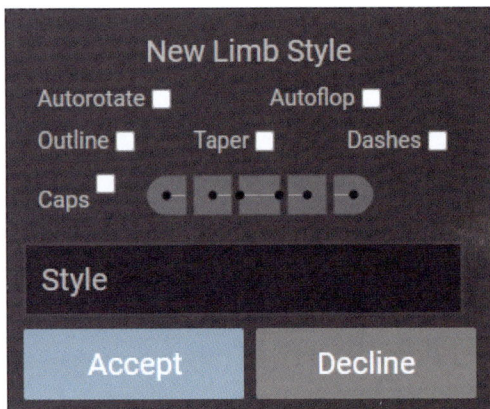

图 4-33　单击 Create 按钮之后的弹窗

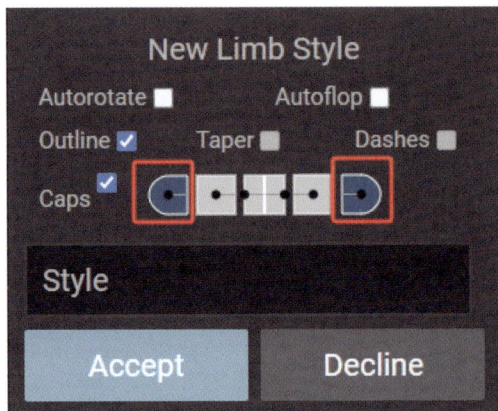

图 4-34　控制肢体两端的样式

单击Accept（接受）按钮，可以看到合成中出现了一根像"管子"的肢体，如图4-35所示。

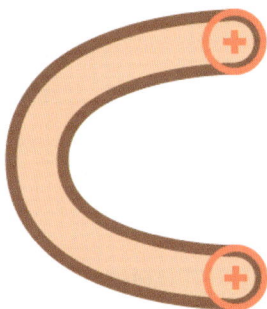

图 4-35　生成的像"管子"一样的肢体

这个肢体由3个图层组成，如图4-36所示。尾缀是Start的图层，能够控制肢体的形态；尾缀是End的图层，能够控制肢体的形态以及肢体的"运动属性"，如弯曲程度等；尾缀是Limb的图层，能够控制肢体的样式。

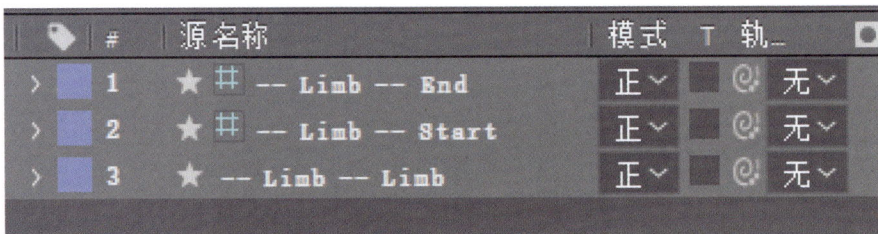

图 4-36　肢体的 3 个图层

为了调整长度和样式，需要同时选中尾缀为End和Start的图层，以和参考手臂尽量对齐，如图4-37所示。

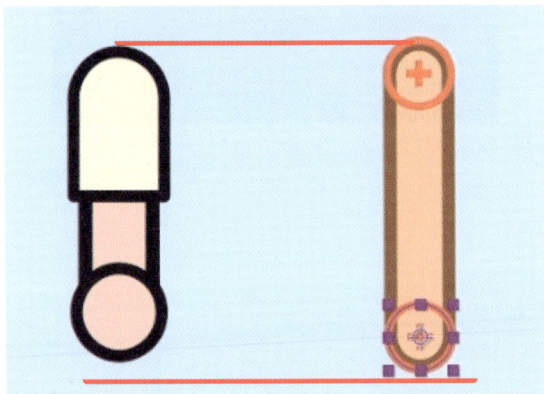

图 4-37　和参考图层上下尽量对齐

单击尾缀为End的图层，在"效果控件"面板可以看到肢体的各项属性。如图4-38所示，修改Length参数，就可以修改肢体的长度。

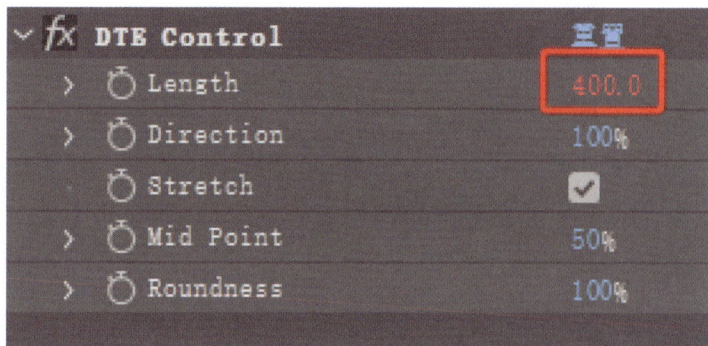

图 4-38　修改肢体长度

由于它默认是拉伸状态，所以Length的设置需要不断尝试。修改Length参数，让肢体变成"直"的形态，然后向上移动尾缀为End的图层，如果肢体立刻变弯曲，说明现在Length参数就是刚好的。如果没有变弯曲，说明需要继续调大Length参数，直到稍微上移尾缀为End的图层，肢体就会变弯曲为止。

2. 调整样式

调整完长度后，就要来调整样式，让这根"管子"看起来更像一条手臂。

选中尾缀为Limb的图层，单击DeekayTool面板的Style属性下的"新增样式"按钮，如图4-39所示。在"效果控件"面板中可以看到一个"Style 2"的样式属性，如图4-40所示。

图 4-39　单击"新增样式"按钮，增加样式

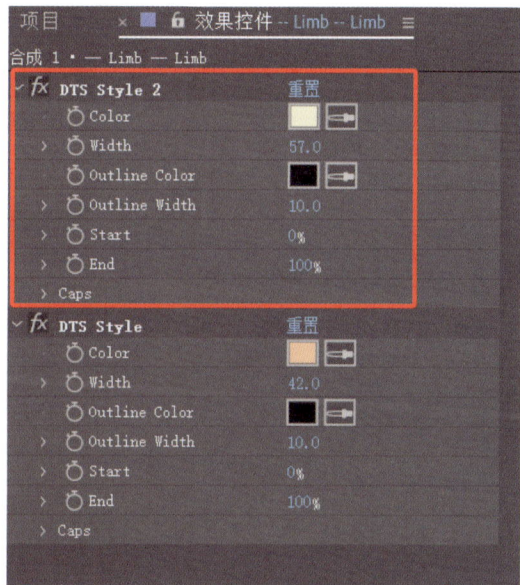

图 4-40　新增的 Style 样式

Color用来控制样式的填充颜色；Width用来控制填充的粗细；Outline Color用来控制描边的颜色；Outline Width用来控制描边的粗细；Start和End分别用来控制样式的修剪程度，可以理解成控制样式的长短；Caps则用来控制样式的端点。

因为我们要做一个袖子，所以在创建新样式时，两个端点的选择应该是一端"圆头"，一端"平头"，如图4-41所示。

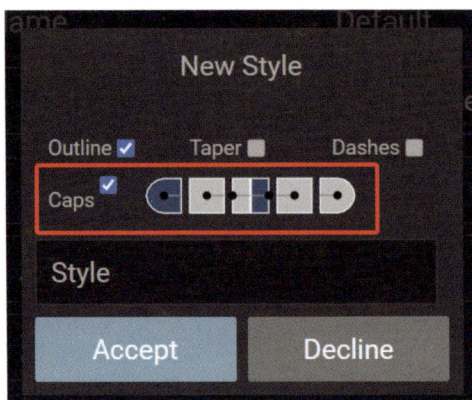

图 4-41　选择新样式的端点

调整填充、描边粗细和样式长短，很容易就可以得到一个袖子的样式，如图4-42所示。

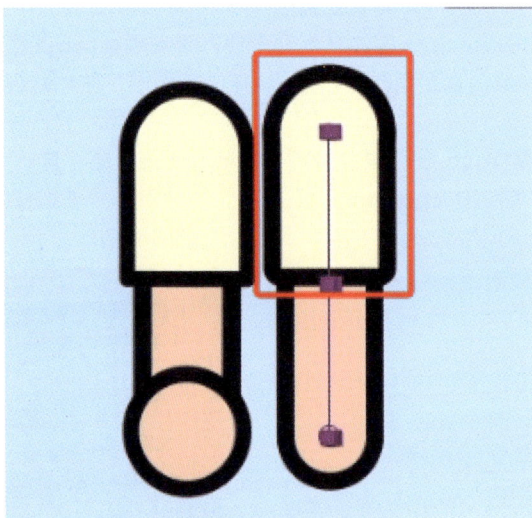

图 4-42　袖子的样式

使用同样的添加样式的方法，可以做出一个圆形的手，如图4-43所示。做圆形的样式有个技巧，就是将Start和End的参数一个调整为99.9，一个调整为100。其实只要保证它们相差0.1就会得到一个圆形，差别在于圆形在手臂上的位置。

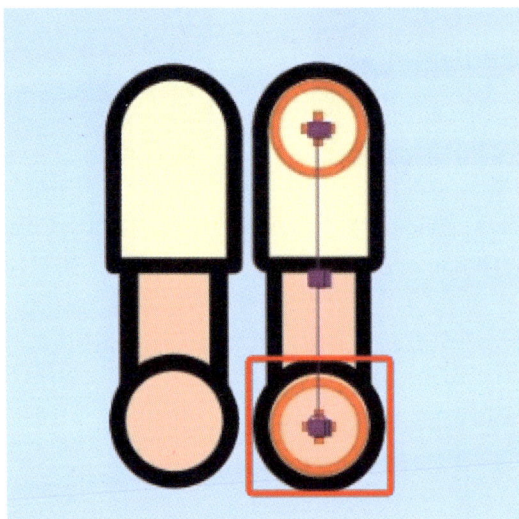

图 4-43　圆形的手的样式

画好手之后，依然有明显的缺陷，就是手腕处有一条黑线，如图4-44所示，而我们想要的效果如图4-45所示。

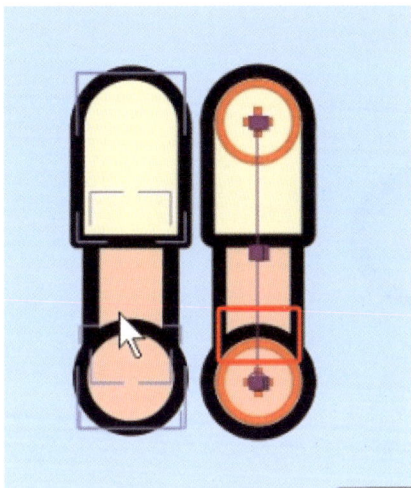

图 4-44　手腕处的黑线

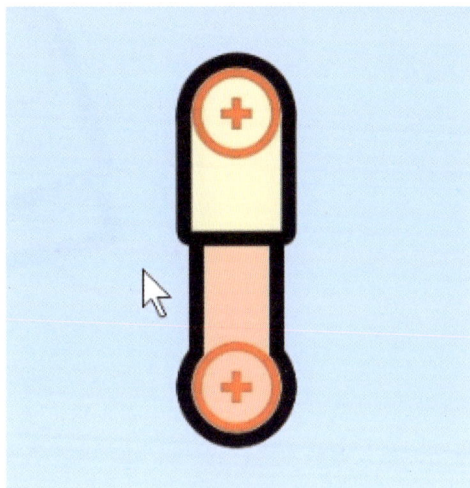

图 4-45　正常的效果

此时，需要再添加一个样式，这个样式只有填充，没有描边，并且填充的颜色和皮肤的颜色一致，最后再将它"盖"到手腕处即可。样式的各项属性如图4-46所示，这里需要注意的是，调整Start和End的参数，让它的显示范围仅在手腕处即可。

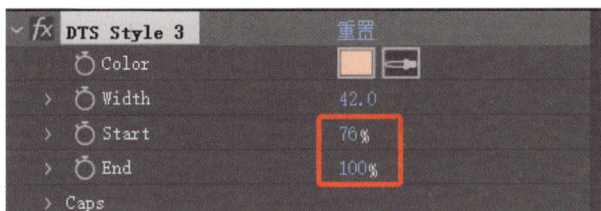

图 4-46　手腕遮挡的样式参考

手臂的样式做好后，如果调整End的位置，效果如图4-47所示，这样的手臂显然不像手臂，还是像根"管子"。

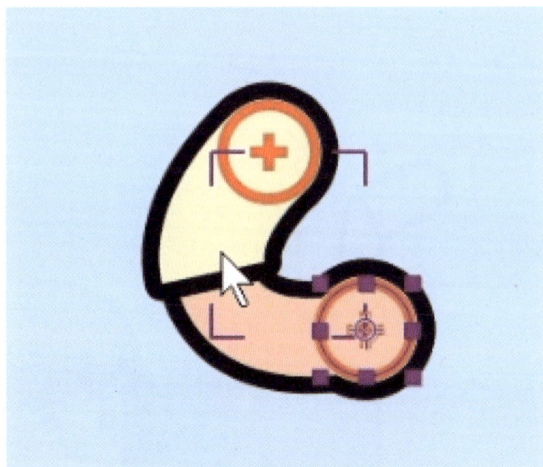

图 4-47　像"管子"一样的手臂

此时，单击End图层，调整它的Roundness属性就可以改变手臂的弯曲方式。如果将Roundness调整为0，肘关节就会呈现直角状，如图4-48所示。

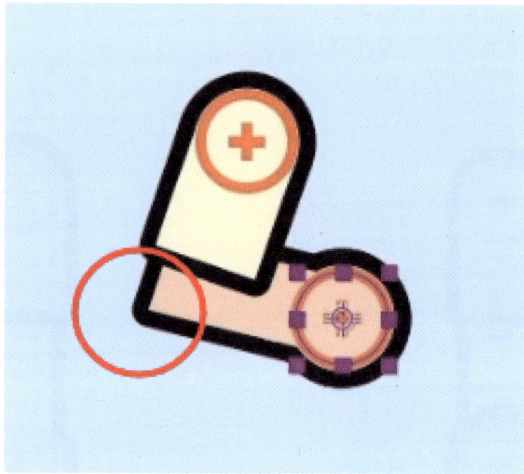

图 4-48 "直角"一般的肘关节

这里将它的参数调整为"1"即可,这样就会得到一条不是很弯曲,但肘关节又是圆角的手臂,如图4-49所示。

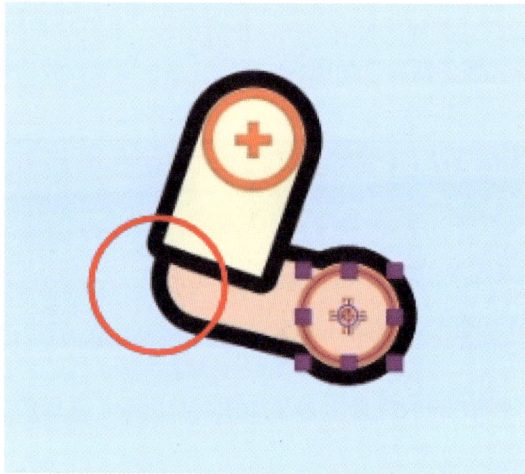

图 4-49 正确的肘关节效果

此时,肘关节的弯曲方向和我们人物的脸的朝向刚好相反,需要将End的Direction参数从"100%"改成"-100%",即可解决这个问题,如图4-50所示。

图 4-50 修改 Direction 参数来修改肘关节的方向

做好一条手臂后，直接复制另外一条手臂即可。注意，复制DeekayTool创建的肢体不能直接选中图层复制，需要单击DeekayTool上的"复制"按钮来复制。

选中需要复制的肢体图层，单击插件面板的"复制肢体"按钮，如图4-51所示，即可完成复制。

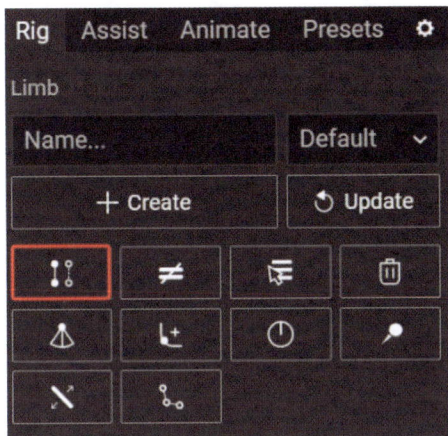

图 4-51 "复制"按钮

如果想给肢体图层重命名，也不能使用软件中的重命名方式，这样会报错。正确的操作方式是，先选中肢体图层，在DeekayTool的插件框中输入新名称，最后单击Update按钮，完成重命名，如图4-52所示。

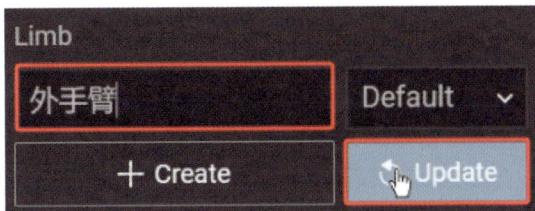

图 4-52 用插件重命名肢体图层

完成以上所有的操作后，就可以将做好的两条手臂移动到身体对应的位置，如图4-53所示。这里需要注意，内手臂Limb的图层需要移动到身体下方，否则会出现内手臂图层也在身体外侧的错误。

下面要做的，就是将人物的肢体和身体绑定成一个整体。选中内外手臂的Start图层，将它们绑定到"身体"图层上作为其子级。这样身体发生位移或旋转时，手臂也会跟着发生变化。

"头"在绑定"身体"作为子级时，需要先将头的锚点移动到和身体的连接处，如图4-54所示。这样头在旋转时，才是自然的。

图 4-53 移动手臂图层的位置

图 4-54 调整"头"的锚点位置

"身体"本身也应该围绕"腰部"旋转，将"身体"的锚点移动到"腰部"，如图4-55所示。

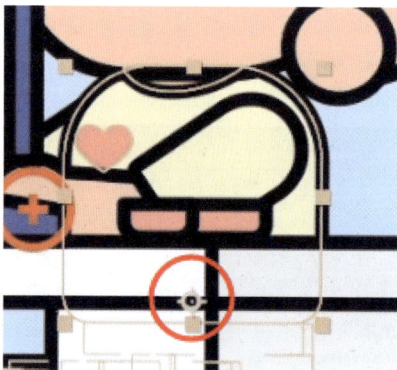

图 4-55　移动"身体"的锚点

这样,全身绑定的工作就基本做完了。此时,只要给两条手臂的End图层的"位置"属性K帧,就可以轻松做出人物在打字的动画。

具体的K帧流程,这里不再赘述,请直接观看本章对应的视频教程。

4.3.3　表情动画制作

为了让人物看起来更生动,光有肢体动画是不够的,还需要制作一些表情动画。

1. 拆分形状

由于用Overlord插件导入时,"头"是作为一个整体的,刘海图层、五官图层都在"头"图层内部,所以做动画时,要做的第一件事就是将那些需要"动"的部分先拆分出来。

展开"头"图层后,会发现里面一个组套着一个组,如图4-56所示,而且每个组里有什么内容也不知道,所以要将组进行命名,并简化组的结构。

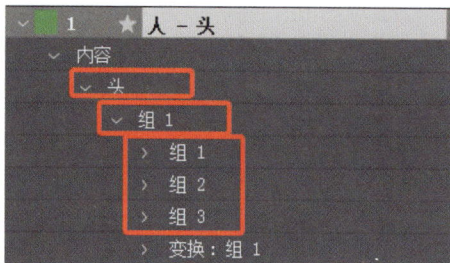

图 4-56　"头"图层内部组层层嵌套

整理完之后,确保只有一层结构,并且需要动的元素的组一定要单独命名,如图4-57所示。

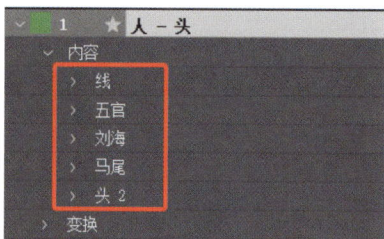

图 4-57　整理后的组结构

选中"头"图层,单击ExplodeShapeLayers的"拆分"按钮,如图4-58所示,将"头"图层进行拆分,拆分后的图层如图4-59所示。

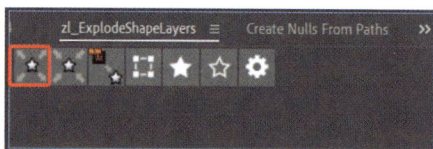

图 4-58　"拆分"按钮

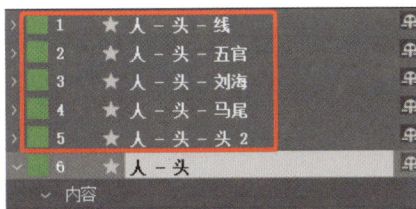

图 4-59　拆分后的图层结构

2. 绑定父子级

接下来需要安装真实的头的结构，对图层进行父子级绑定。将图层"马尾""刘海""五官""线"都作为子级绑定到"头"图层上，再将"头"图层作为子级绑定到"身体"图层上，如图4-60所示。

图 4-60　绑定图层

注意，"头"图层是刚刚拆分出来的，所以锚点并没有调整过。因此需要切换到"锚点工具"，将它的锚点移动到"身体"和"头"的连接处，如图4-61所示。

图 4-61　调整拆分出来的"头"图层的锚点位置

3. 制作动画

拆分完成之后，制作动画其实很简单。每个图层都是形状图层，只需要调整每个图层形状的锚点，就可以制作动画。

如果想让刘海动起来，展开"刘海"图层，找到下面的"路径"属性，在某个时刻K上关键帧，如图4-62所示。移动时间指示器到某个合适的位置，再次调整刘海的路径，就可以实现给刘海做动画的效果。

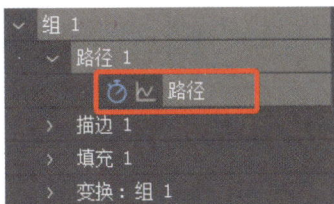

图 4-62　给"刘海"图层的路径K帧

如果想制作眨眼动画，也是一样的逻辑。展开"五官"图层，找到两个"眼睛"的形状路径，在某个时刻先K上关键帧，如图4-63所示。将时间指示器后移几帧，双击预览区域的眼睛路径，就可以调出一个白色的控制选框，如图4-64所示。将光标移动到白色控制选框的上面，慢慢下移，然后按住Alt和Ctrl键，就会看到"眼睛"的路径被压扁了，直到眼睛被压成一条线，松开鼠标即可，如图4-65所示。

图 4-63　给眼睛的路径 K 帧

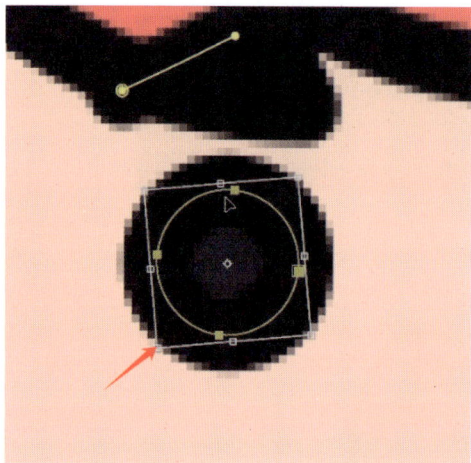

图 4-64　双击路径调出白色选框

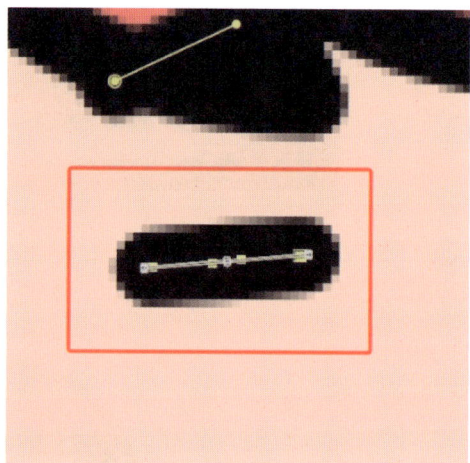

图 4-65　将眼睛压成一条线

再次将时间指示器后移几帧，将一开始的睁眼状态的关键帧复制并粘贴过来，如图4-66所示，此时按空格键预览，就可以得到一个眨眼动画。

图 4-66　复制并粘贴睁眼的关键帧

眉毛和马尾的动画同理，但是要注意，马尾动画可以不用控制路径，直接控制"马尾"图层的旋转属性即可。

具体的操作方式可观看本章对应的视频教程。

以上就是本案例在动画实操部分的难度，想要学习具体的操作以及整个动画完整的制作流程，请务必观看本书附赠视频教程学习。

4.4　片段整合和输出成片

一集影视成片，一般都是由多个分镜组成的。做好一个个分镜的动画之后，下面要做的就是将这些分镜剪辑为成片。

这步工作既可以用Premiere或剪映来做，也可以直接用AE来完成。

4.4.1　片段整合

单击"合成创建"按钮■，创建一个合成，尺寸大小、帧率都和分镜保持一致，但是要将持续时间设置得长一点，本案例设置为16s，如图4-67所示。

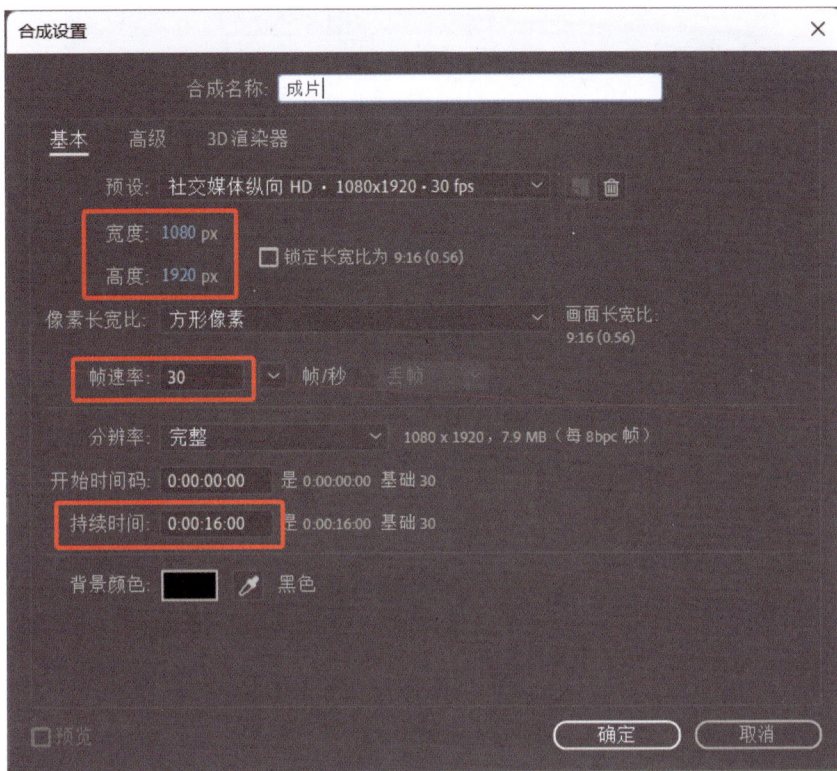

图 4-67　创建成片合成

　　创建完成后，可以将“项目”面板的“分镜01”直接拖入合成。由于每个分镜前面都预留了1s的空白备用。“分镜01”用不了这段空白，所以将时间指示器移动到1s处，按[键将这段截掉，如图4-68所示。

图 4-68　截掉不要的部分

　　用同样的方法，截掉“分镜01”后面没有动画的部分，这里要注意，截掉后面的快捷键为]。

　　接着从“项目”面板中依次拖入做好的每个分镜合成，再用同样的方式截掉不需要的部分，直到整个动画看起来紧凑又自然，如图4-69所示。

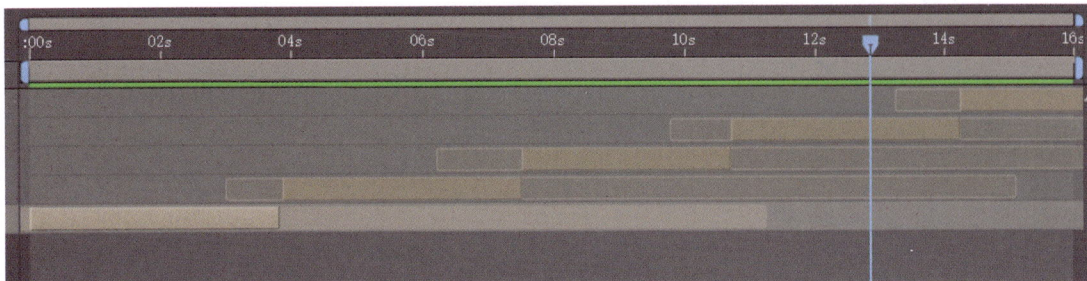

图 4-69　将做好的分镜拼凑好

　　如果发现创建的成片合成时长不够，可以在时间轴面板的空白处右击，在弹出的快捷菜单中选择“合成设置”选项，如图4-70所示。

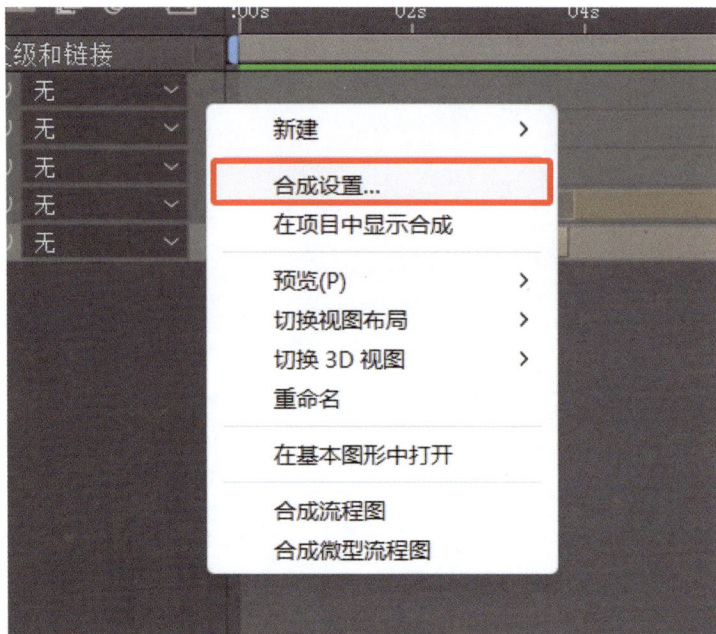

图 4-70　选择"合成设置"选项

在弹出的"合成设置"面板中将"持续时间"设置得长一点，如图4-71所示。

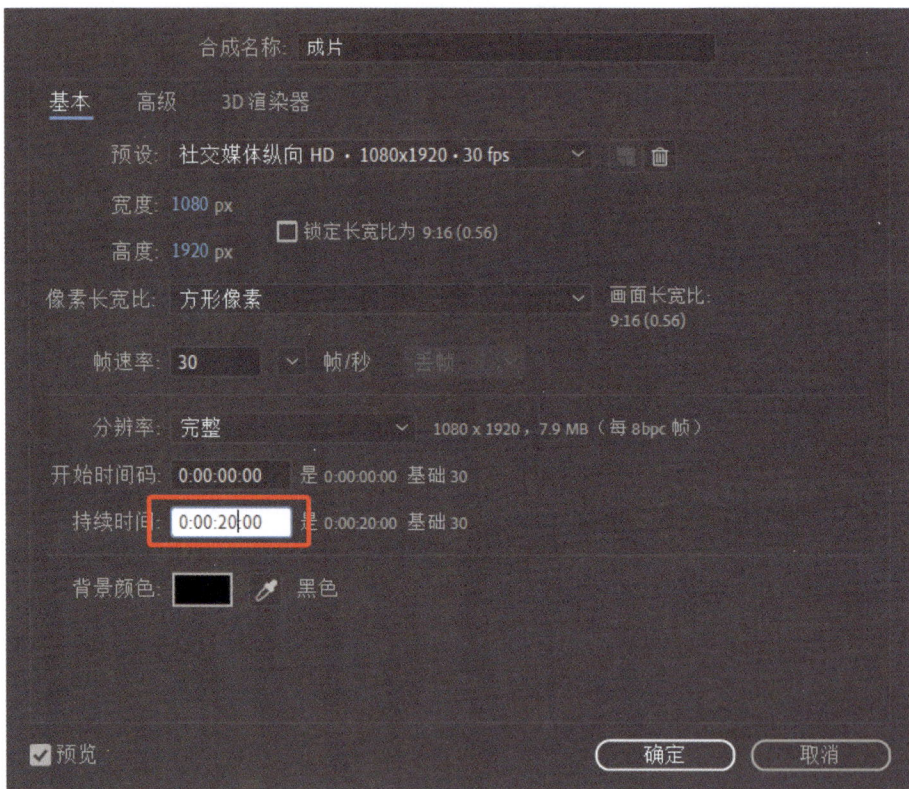

图 4-71　修改合成的持续时间

4.4.2　输出成片

剪辑完成后，进行预览，确保剧情能看明白，就可以准备输出视频。

使用AE输出成片视频时需要特别注意，如果用的是2023之前的版本，需要安装一个Aftercodecs的插件，因为2023之前的版本不支持H.264的压缩方式，直接输出AVI或者MOV格式，文件的体积会非常大。

即使正在使用2023或更新的版本，也建议安装对应版本的Aftercodecs插件，因为这个插件渲染视频的速度更快，体积也更小。

Aftercodecs的安装链接在本书附赠资源中。

下面介绍具体的输出步骤。

首先，输出哪个视频，就要先确保当前预览窗口显示的就是这个视频的内容，如图4-72所示。

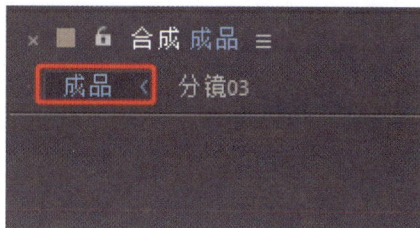

图 4-72　预览窗口激活的是"成品"，渲染的就是成品这个合成

如果想调整输出视频的时间范围，例如开头有几秒的内容我不想要，那就可以将光标放到工作区的两端进行调整，如图4-73所示。

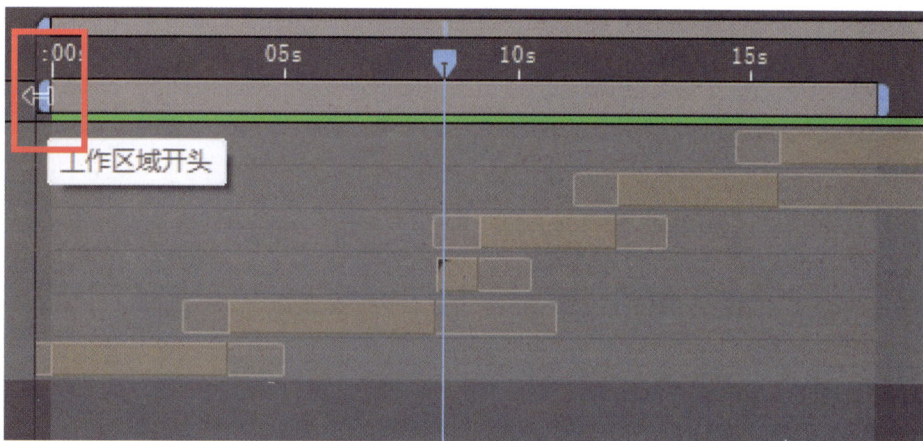

图 4-73　调整工作区

最终AE就会只渲染工作区范围内的内容。

调整好工作区后，按Ctrl+M组合键，或者执行"合成"|"添加到渲染队列"命令，如图4-74所示，就可以将当前合成添加到渲染队列，如图4-75所示。

图 4-74　执行"合成"|"添加到渲染队列"命令

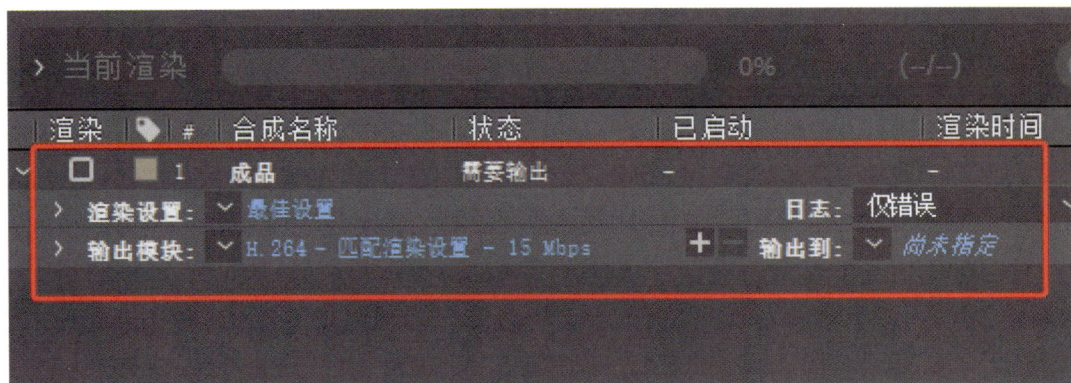

图 4-75　合成出现在渲染队列中

单击"尚未指定"按钮，可以选择将渲染好的视频存放到哪个位置；单击"最佳设置"按钮，可以修改帧率和时间范围，一般都会保持默认选项，如图4-76所示。

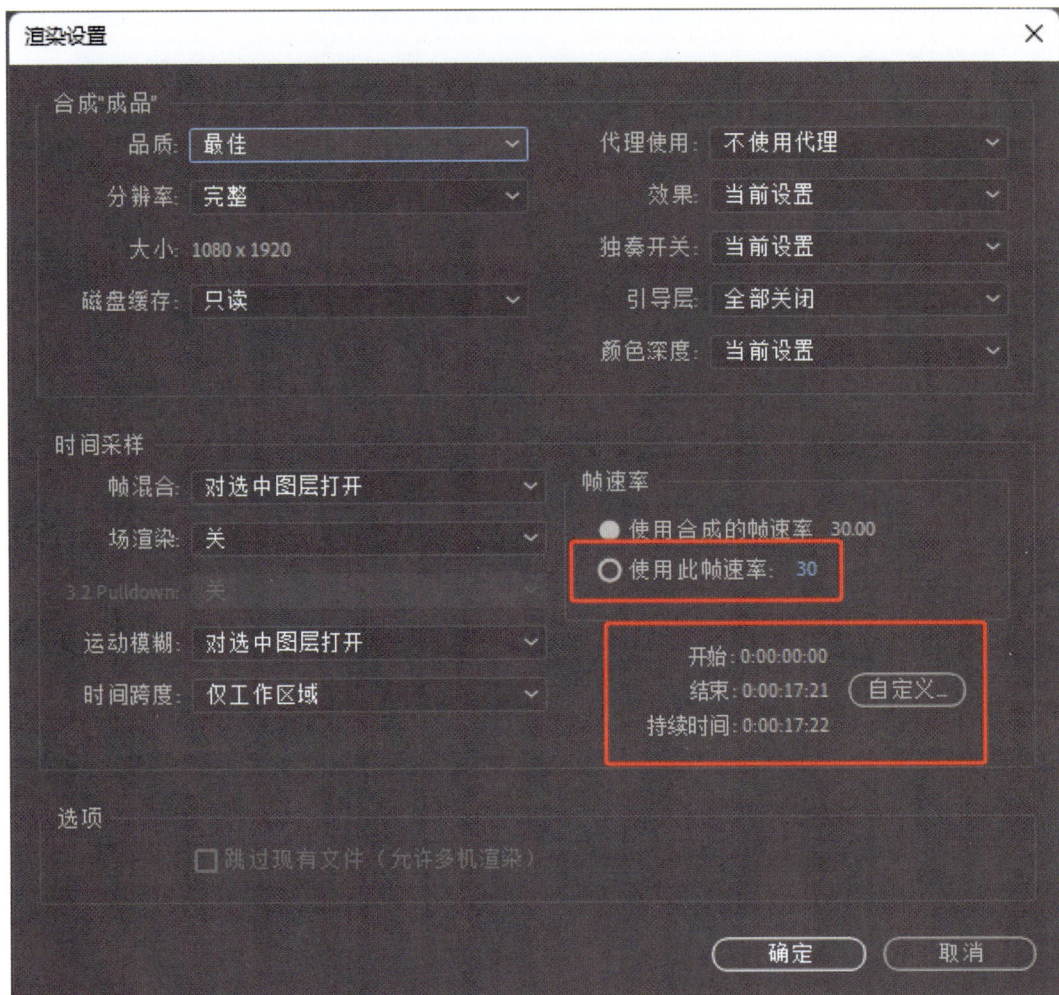

图 4-76　"渲染设置"面板

单击输出模块右侧的蓝色文字，会弹出"输出模块设置"窗口，在"格式"下拉菜单中选择"AfterCodecs.mp4"选项。如果没有安装这个插件，且使用的是2023或以上版本，就选择"H.264"选项，如图4-77所示。其他选项不用动，最后单击右下角的"确认"按钮，就完成了格式的选择。

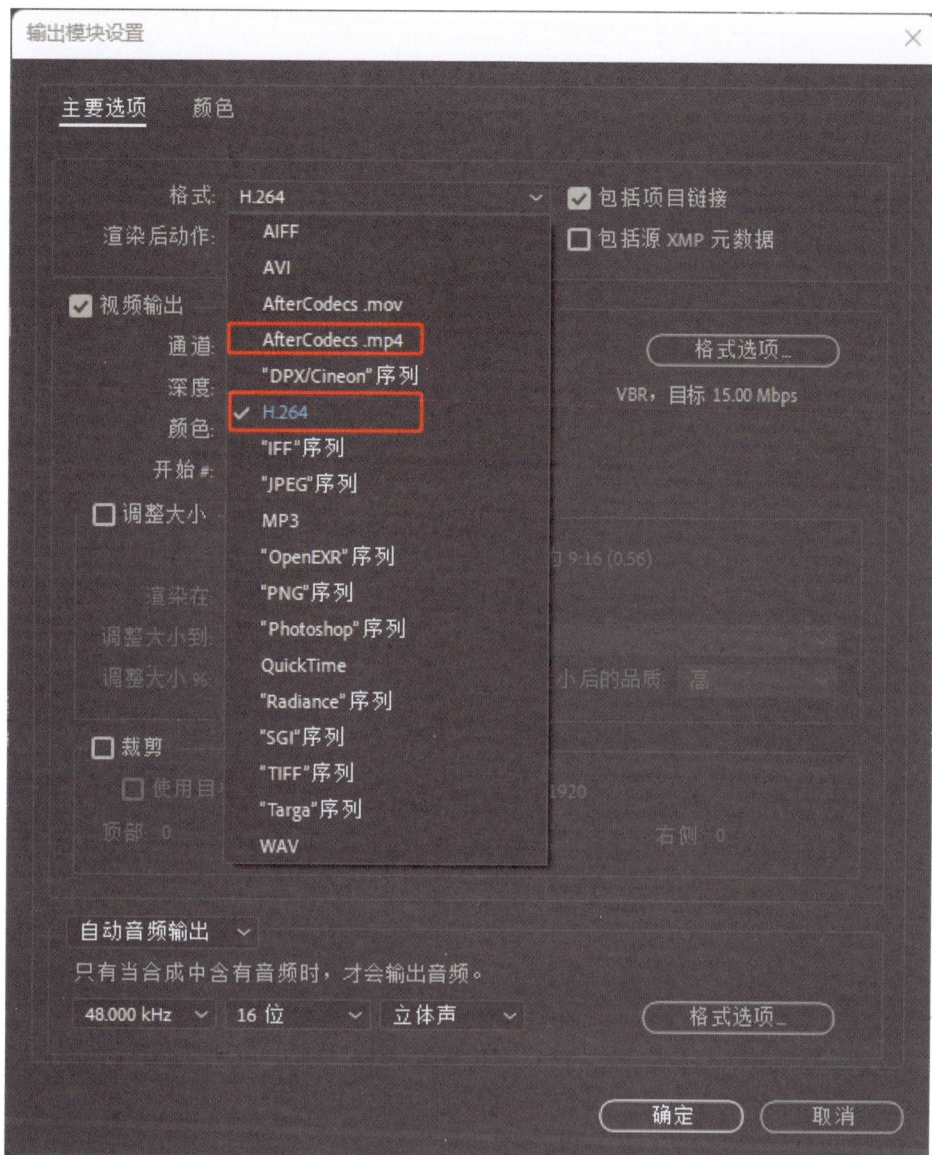

图 4-77　选择格式

完成以上所有设置后，单击渲染队列界面右上角的"渲染"按钮，开始渲染视频，如图4-78所示。

图 4-78　单击"渲染"按钮

4.5　添加音效和背景音乐

音效可以在AE里直接添加，也可以在剪映里添加。如果用AE添加，需要先准备好各种音效的文件，将它们导入AE中再进行添加；如果用剪映添加，可以直接在剪映里搜索素材，然后添加，省去了去网络上找音效的过程。

笔者比较推荐大家在输出成品之后，用剪映来添加音效。

4.5.1 添加音效

将4.4节输出的成片视频文件导入剪映专业版，如图4-79所示。

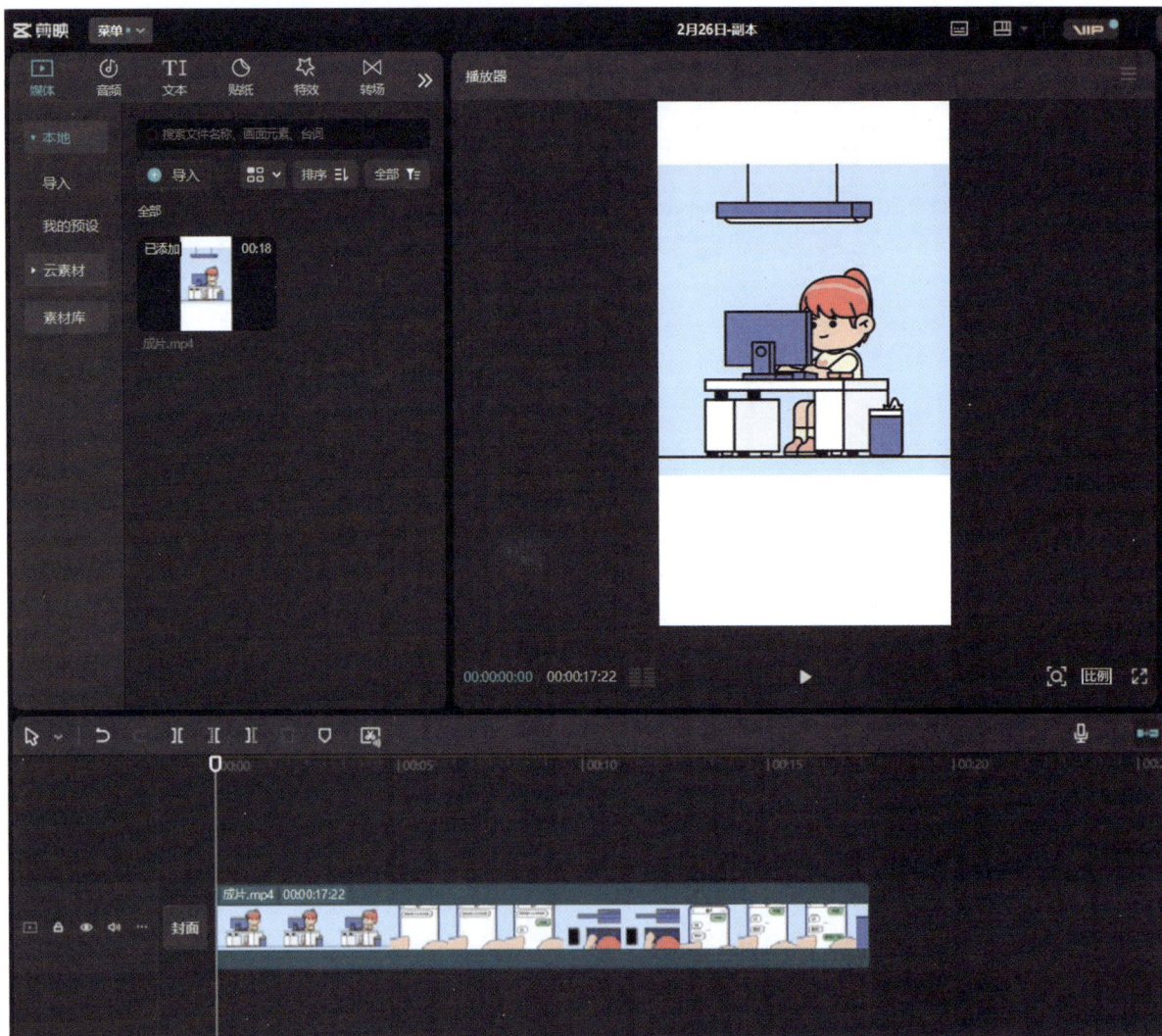

图 4-79　将成片视频导入剪映专业版

单击"音频"按钮，选择"音效素材"选项，就可以在右侧的输入框里搜索音效素材，如图4-80所示。

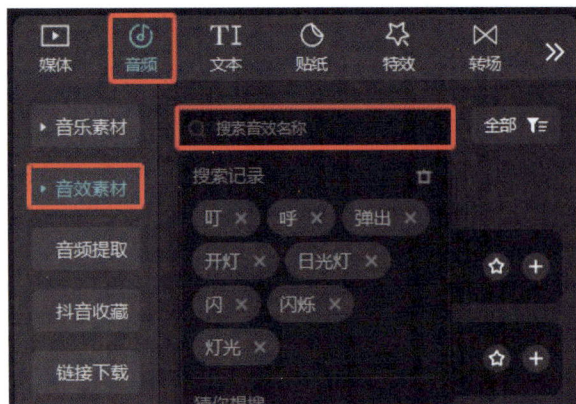

图 4-80　搜索音效素材

还是以这段动画为例，"场景01"中人物在工作，可以搜索"键盘"，找到与键盘声相关的音效，如

图4-81所示。试听音效，将选中的音效拖动到时间轴上，如图4-82所示。

图 4-81　搜出来的音效

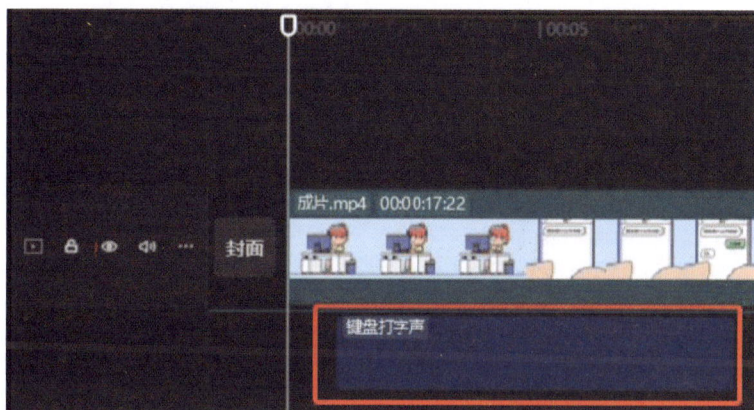

图 4-82　将音效拖动到时间轴上

　　微调音频的位置，让它刚好能和画面对应上就可以。如果觉得调起来不够精准，可以拖动时间轴右上方的"缩放"滑动，放大时间轴，如图4-83所示。

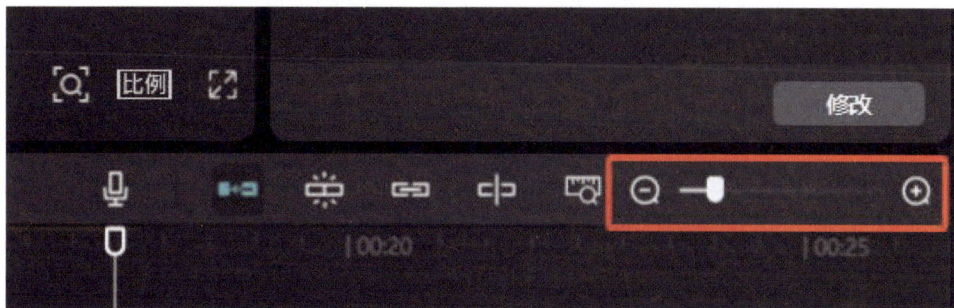

图 4-83　放大时间轴

　　如果音效的长度过长，可以将光标放到音效图层的一侧，左右拖动光标对音效进行裁剪，如图4-84所示。

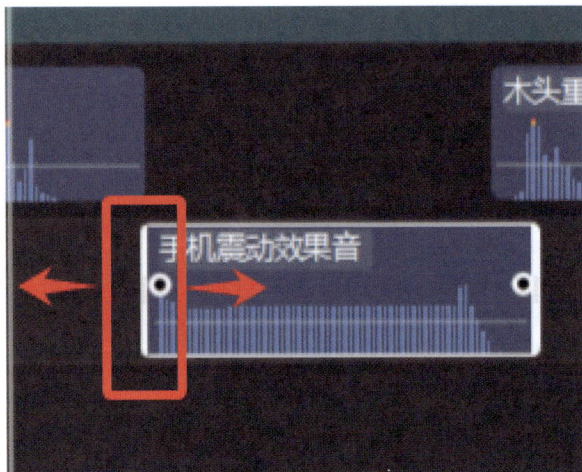

图 4-84　左右拖动进行裁剪

对于过长的音频素材，可以将时间指示器移动到要裁剪的位置，单击第三个裁剪按钮，将时间指示器后面多余的部分裁掉，如图4-85所示。

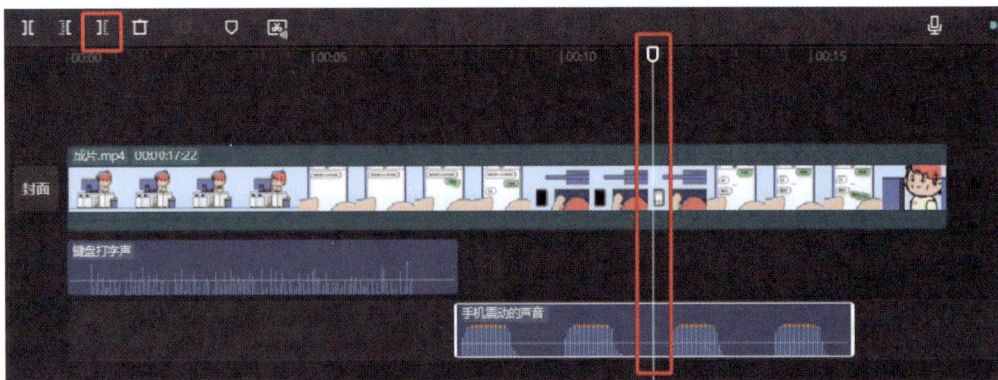

图 4-85　使用裁剪工具裁剪多余的音频

如果需要重复使用某段音频，可以在拖动该音频的同时按住Alt键，这样就会复制出一段音频，如图4-86所示。

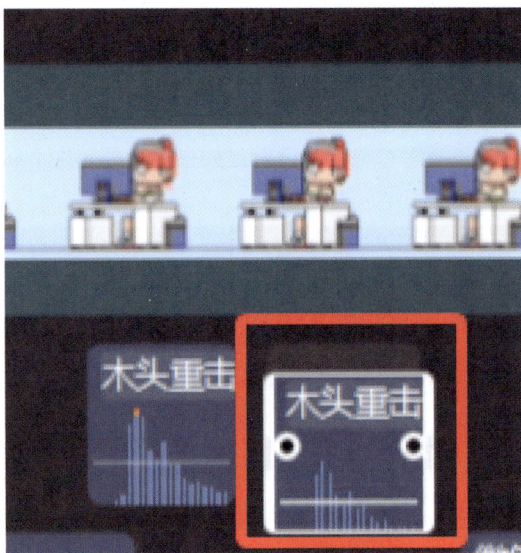

图 4-86　按住 Alt 键复制音频

如果音频有重叠的部分，可以将它们放到不同的音轨上。最终添加完音效的时间轴如图4-87所示。

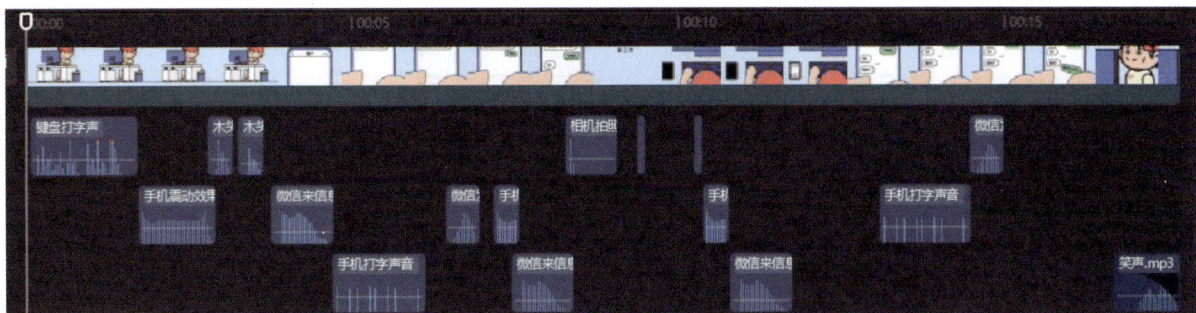

图 4-87　添加完音效的轨道

4.5.2　添加背景音乐

背景音乐又称为BGM。一般情况下，剧情动画的背景音乐，建议使用没有人声的纯音乐。

单击"音频"按钮，在"音乐素材"下拉列表中可以看到各种风格的音乐素材，如图4-88所示。

图 4-88　各种音乐素材

如果有知道名称的且合适的音乐，也可以直接在右侧搜索名称。较常用的音乐，剪映都有收录。

如果不知道用什么音乐合适，可以根据左侧的目录去筛选和试听。建议大家在找音乐时，先思考动画的情绪。

不同的片段可能会有不同的情绪，此时就要加多个背景音乐。有些客观叙事的部分，可以不加音乐。

如果我们希望情绪到某个位置突然截止，我们也可以通过突然截断背景音乐的方式来实现。

背景音乐虽然是最后才加的，但这不代表背景音乐不重要。

相反，背景音乐非常重要。合适的背景音乐能有效地帮我们传达情绪，所以在挑选背景音乐时一定要认真慎重，多多尝试。

背景音乐确认后，单击"导出"按钮进行导出，如图4-89所示。

图 4-89 单击"导出"按钮导出视频

单击"导出"按钮后，会弹出一些选项，只需要修改标题和导出位置，其他选项默认即可，如图4-90所示。

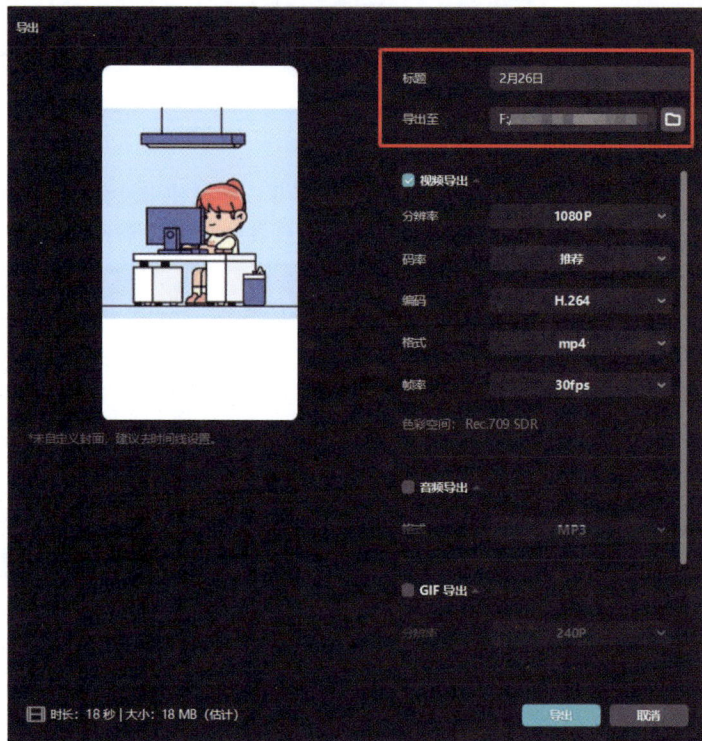

图 4-90 "导出"选项窗口

导出完成后，单击左下角的"打开文件夹"按钮，直接打开文件保存的目录，如图4-91所示。

图 4-91 "打开文件夹"按钮

如果对这种风格的动画感兴趣，可以自己尝试写一个脚本或者去网上找其他脚本，然后参考本书介绍的创作流程做出自己的远程剧情动画。

4.6　本章小结

本章主要带领大家走完一个完整的剧情动画的制作流程。请务必跟着本书提供的视频教程进行实操，做出第一个剧情动画。

这里比较关键的两个环节是分镜绘制和骨骼绑定。因为它们会直接影响我们的工作效率。

分镜确定了，动画的成片制作也就确定了。绘制分镜时，要在保证剧情意思表达的基础上，尽量减少工作量。骨骼绑定虽然看起来更麻烦，但绑定完成后，动画制作的效率就会事半功倍。

第5章
制作搞笑小剧场动画

短视频剧情动画中有一个类型，相信大家一定在媒体平台看到过，这个类型的动画就是将已有的搞笑视频（往往是真人拍摄的）原声提取出来，基于原声再用动画人物重新演绎，做成短视频。

例如知名博主"伊拾七"，他的很多内容就是基于原有的作品做的动画演绎，如图5-1所示。

图 5-1　博主"伊拾七"主页截图

从动画技术层面上来说，伊拾七的动画技术难度较高。但很多博主借用国外的网红猫和网红狗的形象做的小剧情动画，技术上的难度就相对简单一些，如图5-2所示。

图 5-2　博主"Cheems日记"的视频截图

这种类型的短视频动画一般被称为"搞笑小剧场"。搞笑小剧情动画之所以如此流行，是因为它存在很多优势。

优势一：效率提升。用已有的搞笑作品做视频，省去了创作剧本、分镜绘制、配音三个工序，出片的效率大大提升。

优势二：数据保障。如果挑选的作品本身数据就很好，动画化之后的短视频数据也不会太差。换个角度看，就是我们要做的动画在一定程度上已经被验证过了。

优势三：门槛较低。比起原创动画，这类动画对动画细节要求并不高，因为对观众来说，动画就是一个载体，观众主要看作品搞不搞笑。

这时你可能会有一个疑问，使用其他博主作品的原声会不会侵权。一般来说，博主是非常欢迎自己的作品被二次创作的，因为这样也能提升原博主的关注度。建议大家在使用之前，先找原博主协商。一般情况下，原博主可能会要求在你的视频评论区置顶@他，这里我们只需要配合就行。

5.1 选角

如果要从零开始制作小剧场短视频动画，我们要做的第一件事并不是找搞笑作品，而是给自己的动画"选角"——给我们的动画找卡通形象。

大多数时候，我们只需要准备一男一女两个形象。

如果你有原创能力，可以自己创作两个形象，例如前面提到的博主"伊拾七"动画作品中的形象就是原创的，如图5-3所示。如果没有原创能力，也可以参考一些博主使用网红猫狗，将它们的照片抠出来，做一个拼凑，如图5-4所示。

图 5-3 "伊拾七"博主动画中的两个形象

图 5-4 "废柴 cheems"博主动画中的两个形象

除此之外，我们也可以借用当下比较流行的AI绘画创作卡通形象。本章介绍的实操案例用的卡通形象就是由AI生成的，如图5-5所示。

图 5-5 使用 AI 绘画生成的猫狗形象

5.2 分层

完成"选角"后，我们需要对角色进行一些处理，确保它们能在After Effects中"动起来"，这一步一般叫"分层"，即将形象按照头、躯干、四肢几部分进行拆分。这一步需要在Photoshop中完成。

这里只做简单介绍，具体原理可参考3.5节的内容，完整的操作流程见本书附赠视频。

5.2.1 去背景

一般来说，无论是网上找的素材还是用AI生成的图形，除了主体角色本身，还会有背景。在分层之前，我们要做的第一步就是去背景。去背景前后对比如图5-6和图5-7所示。

图 5-6　左：去背景前

图 5-7　右：去背景后

在Photoshop中，去背景的方式比较多。

如果背景比较简单，可以直接使用"魔棒工具" 。魔棒工具的工作原理是，自动选择颜色相近的像素，只需要在背景上单击，就可以看到一个把背景像素都选中的选区，如图5-8所示。

图 5-8　背景部分的边缘都有选区

选区建立后，有两种操作可以选择。第一种是直接按Delete键或者退格键把选区内的像素删掉；第二种是先按Ctrl+Shift+I组合键对选区进行反选，此时虚线选区就会包裹住我们的主体对象，如图5-9所示，此时再按Ctrl+J组合键给选区中的内容创建新图层，就能把要抠的主体部分复制出来，如图5-10所示。

图 5-9　反选后，选区包裹了主体对象

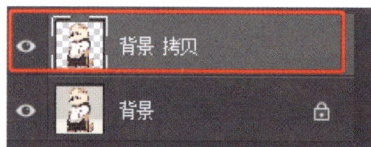

图 5-10　被抠出来的主体图层

如果背景比较复杂，需要用到"钢笔工具" ✍，沿着主体边缘画出一条闭合的路径，如图5-11所示。然后按Ctrl+Enter组合键将路径转换为选区，再按Ctrl+J组合键将主体抠出来。

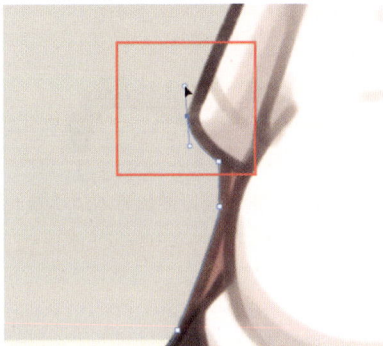

图 5-11　用"钢笔工具"画出闭合路径

一般来说，钢笔抠图效果更好，但效率会低一些。很多时候也可以将上面这两种方法结合来抠图。

5.2.2　拆分

抠完主体后，就要对主体进行拆分。一般按照头、躯干、四肢这样的结构去拆分，但具体情况需要具体分析，例如我们不准备给人物的腿做动画，理论上就可以不拆分腿。

拆分工作用"钢笔工具" ✍来完成，将每个要拆分的主体先用"钢笔工具"抠出来，如图5-12所示。这里要注意，有些地方会被遮挡，但我们依然要照着对象本身的结构去抠，如图5-13所示。

图 5-12　用"钢笔工具"抠出头的部分

图 5-13　抠出被帽子遮挡的部分

抠出一个部位后，双击图层，添加一个颜色叠加的图层样式，一般选择比较明显的红色，如图5-14所示，然后再降低图层的不透明度，如图5-15所示。这样我们就知道哪里抠过，哪里还没被抠，同时也不会影响我们抠其他部位的结构。

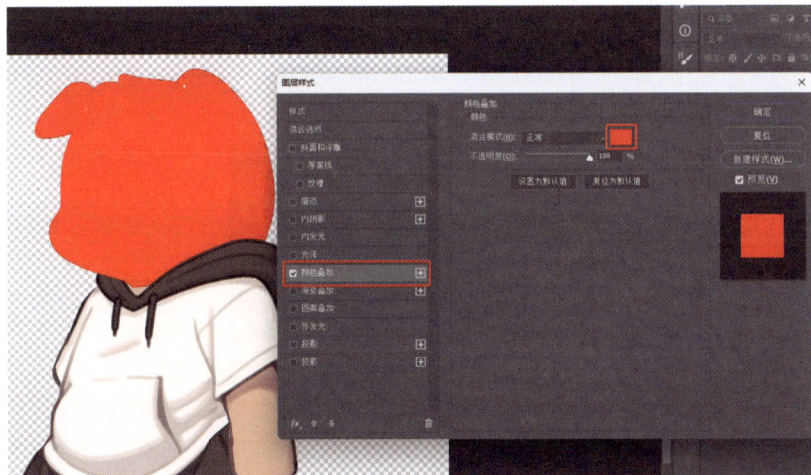

图 5-14　给抠出的部位添加颜色叠加

图 5-15　降低抠好部位的不透明度

拆分后的效果如图5-16所示，由于这里狗的腿不打算做动画，所以并没有将腿和躯干分开。

图 5-16　拆分效果

▨ 5.2.3　补面

由于我们是按照肢体本来的结构去抠的，所以每个部位抠出来后会有其他部位的残留，如图5-17所示。补面就是修复残留像素。

图5-17　头下方的残留像素

按Ctrl+Shift+N组合键在"头"图层上方创建一个新的空白图层，然后将光标放到两个图层之间，按住Alt键，当光标变成另外一种形态，如图5-18所示，单击，即可给图层创建剪切蒙版。这样无论我们在上面的图层画多少像素，都不会超出头的部分。

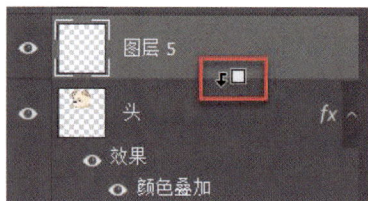

图5-18　光标变成另外一种形态

切换到"画笔工具"，选择合适的笔刷，再吸取附近的颜色，将残留像素盖住即可，如图5-19所示。这里不用修复得非常完美，因为实际做动画时，这些地方大部分时候也是被遮挡的。最终的修复效果如图5-20所示。

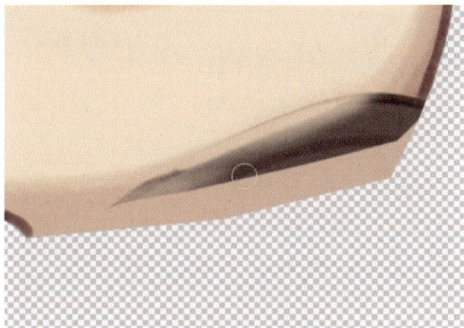

图 5-19 盖住残留像素

图 5-20 修复后的效果

完成所有肢体的补面后，务必将所有的分组按Ctrl+E组合键合并成一个单独的图层，并进行命名，方便后续导入AE制作动画。

📖 小贴士

本案例简要介绍了狗的拆分流程，猫的拆分流程见课程附件里的视频。

5.3 表情制作

搞笑小剧场类型的剧情动画，可以简单地理解为，基于已有的音频给形象换表情、换动作。

动作可以通过前面的拆分图层，再到AE中绑定父子级或者创建骨骼来实现。表情的切换首先要做的就是，把各种可能会用到的表情绘制出来。

5.3.1 寻找表情参考

一提到绘制，很多手绘基础薄弱的朋友又要打退堂鼓了。其实表情的绘制没有那么难，只要能熟练使用搜索引擎和PS中的钢笔工具，不会手绘也能画出各种表情。

这里推荐一个笔者常用的搜索表情的网站——花瓣网，完成账号注册后，就可以直接在首页上方的搜索栏搜索想要的任何参考要素。

在搜索栏中输入"人物表情"，得到的结果如图5-21所示。

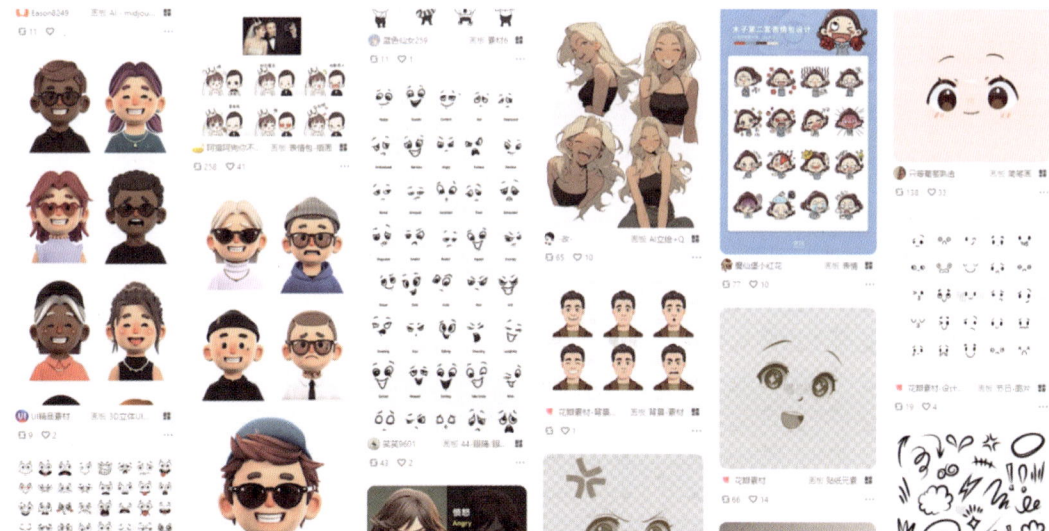

图 5-21 在花瓣网里搜索到的一些表情

单击一个表情合集，可以看到里面有很多的表情，如图5-22所示。

121

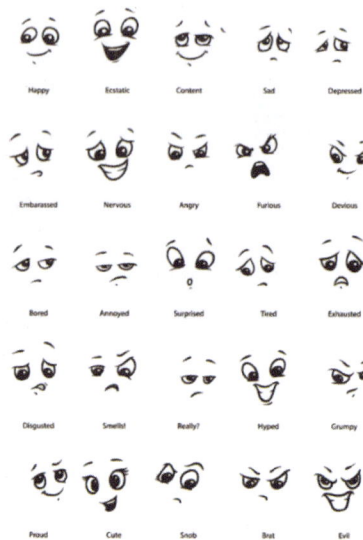

图 5-22　表情合集

单击一个想要的搜索结果后，页面下方也会有相似的结果推荐，利用好结果推荐，找素材的效率会大大提升，如图5-23所示。

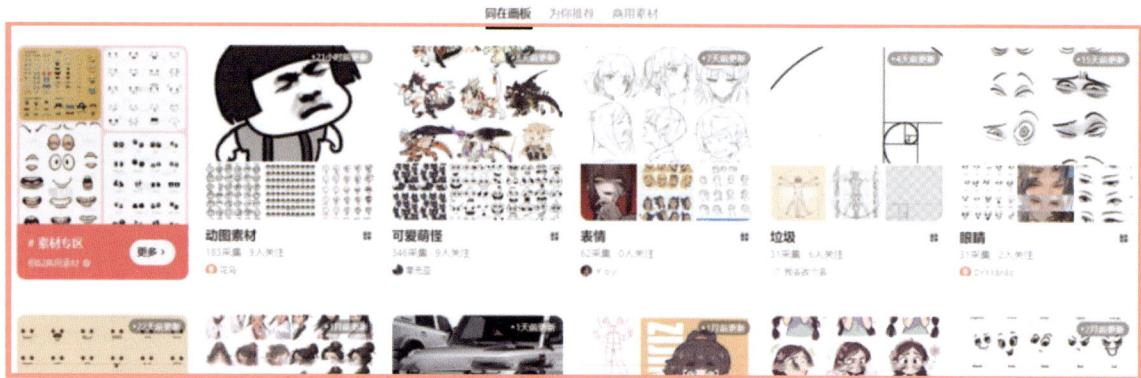

图 5-23　页面下方的相似结果推荐

5.3.2　绘制表情

绘制表情时，需要先将原有的表情做一些处理，以案例中的猫为例。

猫的表情变化主要依赖于眼睛、鼻子和嘴巴3个器官。开始处理之前，先做个简要分析：鼻子一般不会有形态上的变化，但是会因为嘴巴张大而发生位置变化，因此，鼻子需要单独抠出来；嘴巴在说话时会出现张开和闭合的状态，不说话时可能会有微笑、严肃、平和3个状态；眼睛除了默认的睁眼，还会有微笑、眯眼、闭眼等多种表情，表情的表现力最依赖的就是眼睛。

基于以上分析，我们要做的第一件事就是将前面分离出来的猫的"头"图层复制一份。复制好后，将原有的眼睛、鼻子、嘴巴用"钢笔工具"抠出，如图5-24所示。

切换眼睛、鼻子和嘴巴的其他形态时，脸上已有的五官肯定会受影响，所以还要将脸上原来的五官清除掉。可以用PS中的"污点修复画笔工具"去除。切换到"污点修复画笔工具"后，只需要用画笔在想要去除的对象上涂抹，PS就会自动完成去除，如图5-25所示。

图 5-24　右侧是抠出来的眼睛、鼻子和嘴巴　　图 5-25　用"污点修复画笔工具"涂抹要去除的部位

如果去除不完美，有残留，可以再次涂抹再次去除，直到满意为止。也可以用画笔工具配合一起去除，效果更好，如图5-26所示。

图 5-26　去除眼睛、鼻子、嘴巴之后的效果

图5-27所示为根据参考的表情画出一些眼睛的常用形态。可以将去除面部器官后的"脸"多复制几份，然后再在脸上绘制。

图 5-27　常用的眼睛形态

比较常用的眼睛形态有睁开、闭眼、紧闭、斜视、震惊等。

绘制时，直接根据在花瓣网上找到的参考图绘制即可。手绘基础薄弱的用户可以直接使用"钢笔工具"勾出形状，再填充相应的颜色。

使用同样的方法，再绘制出嘴巴的几种形态，如图5-28所示。

图 5-28　常用的嘴巴形态

　　绘制好表情后，正常的做法是将所有表情直接导入动画软件，也就是AE中，用到某个表情时直接切换即可。如果我们要用这个角色做很多动画，那这种做法的工作量就会很大。

　　接下来分享一种将角色表情绑定的方式来实现表情切换。

　　这种做法前期的工作量会大一些，一旦调试完成，后面做动画只需要给某个属性K关键帧即可，制作效率会大大提升。

　　在正式讲制作流程之前，先分享这种做法的实现原理。

　　以猫的眼睛为例，本质上就是将画好的所有的眼睛形态拼成一个长图，如图5-29所示。想要切换眼睛的形态时，水平移动长图，就可以实现形态切换。

图 5-29　将眼睛形态拼成一个长图

　　这里还要解决两个问题，一是移动时的速度太慢，会看到明确的横移动画；二是其他没有展现的形态，不能如图5-29所示直接展现出来。AE中的定格关键帧和预合成则能完美解决上述两个问题。

　　下面介绍绑定的操作流程，更详细的操作可看本书附赠视频。

　　将猫"头"图层导入AE中，并创建一个合成，再将做好的6种眼睛形态导入AE中，任选一种摆放到眼睛的位置，如图5-30所示。

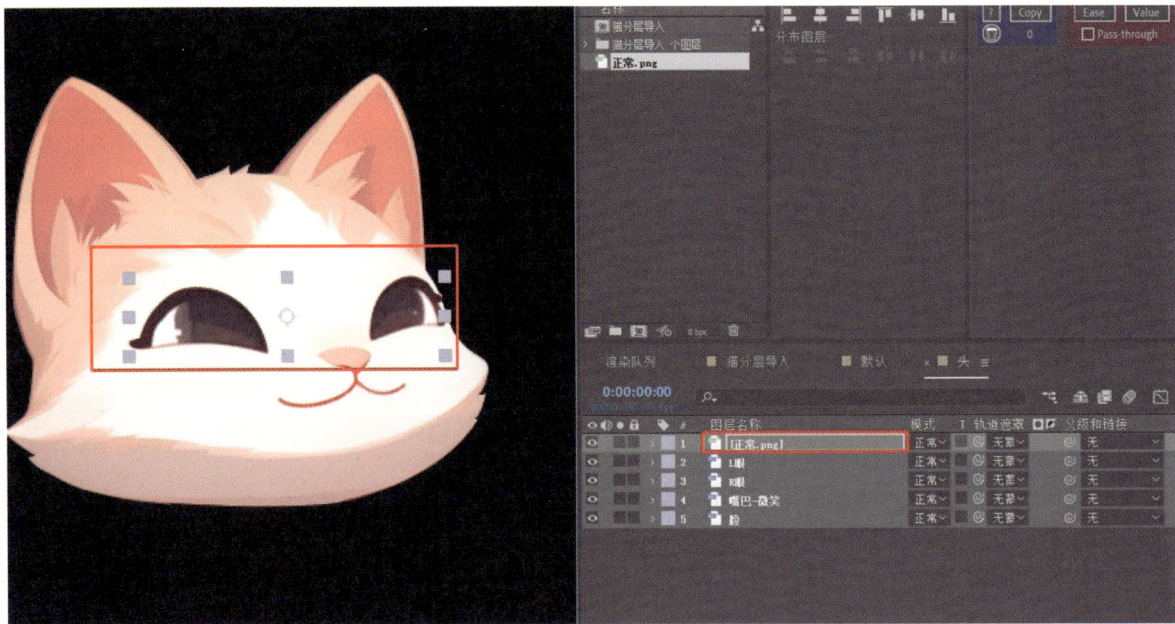

图 5-30　将任一眼睛形态移动到猫脸上

　　选中眼睛状态图层，按Ctrl+Shift+C组合键转预合成，并命名为"眼睛全部"，然后双击进入"眼睛全部"合成中，将其他眼睛的形态都拖进来。

　　选中每个眼睛形态的图层，再次按Ctrl+Shift+C组合键转预合成，选中"将所有属性移动到新合成"单选按钮，如图5-31所示。这样给每种眼睛形态创建的新合成的尺寸就都是一样。

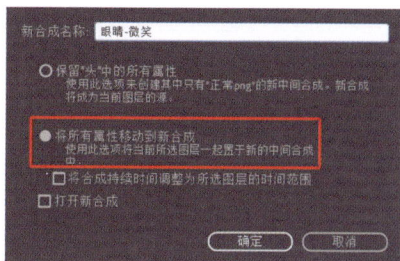

图 5-31　选中"将所有属性移动到新合成"单选按钮

接着，调整眼睛形态的图层顺序，建议根据使用频率来调整，越常用的形态越往上面放，如图5-32所示。

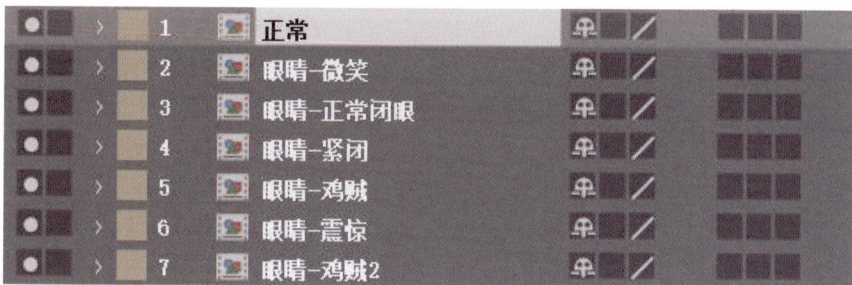

图 5-32　调整眼睛形态合成的顺序

调整好顺序后，就要将这些形态依次排到一条水平线上。这里既是为了排得足够精确，也是为了后续增加新的眼睛形态方便。这里没有选择使用鼠标去排，而是用了表达式。

先将所有合成选中，将"对齐"面板的对齐选项切换到"合成"，然后依次单击"左对齐"和"顶对齐"按钮，将所有合成图层和合成本身对齐，如图5-33和图5-34所示。

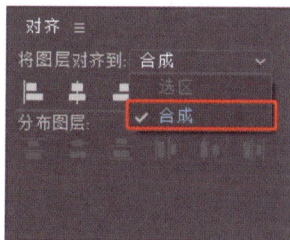

图 5-33　切换到"合成"选项

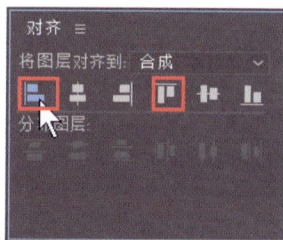

图 5-34　单击"左对齐"和"顶对齐"按钮

按Ctrl+K组合键，弹出"合成设置"面板，查看本合成的"宽度"为"215px"，如图5-35所示。

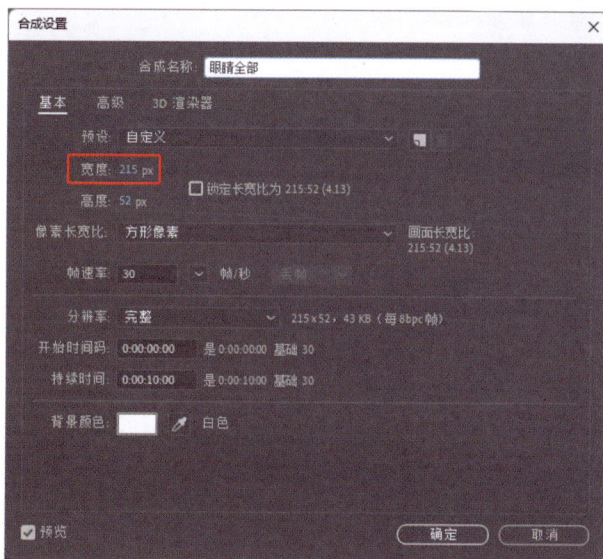

图 5-35　查看合成宽度

接着，选中第一个名为"正常"形态的眼睛图层，按P键调出位置属性，再按住Alt键单击位置属性的小秒表，在表达式的输入框里输入"value+[（index-1）*215,0]"，如图5-36所示。

图 5-36　给每个眼睛形态图层的位置都加上表达式

表达式的含义是，在原有水平位置的基础上，加上index-1个215px，index就是图层的排序，如图5-37所示。

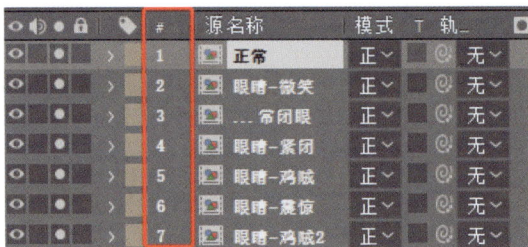

图 5-37　每个图层的 index

这样就实现了排列越靠下的图层，在合成中的位置越靠右，如图5-38所示。如果后面添加了新的形态，只需要将它摆放到已有图层的最下方，并给位置输入同样的表达式，它就会自动排列到最右。

图 5-38　水平排列的眼睛形态

现在想要切换眼睛形态，一起水平位移这些图层即可。再在合成中创建一个"空对象"，注意，要将空对象放到所有图层的最下方，再将所有图层都绑定空对象作为其子级，如图5-39所示，这样只要空对象位移，所有眼睛形态都会跟着一起位移。

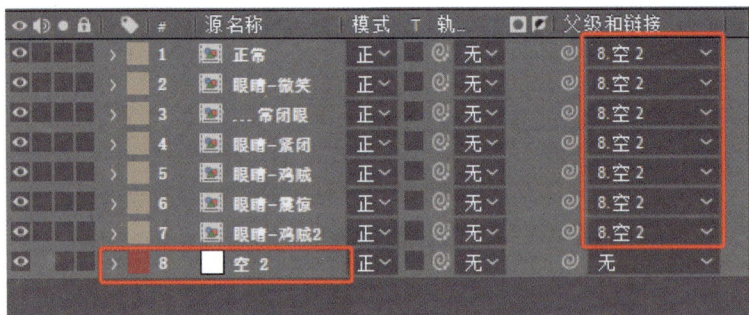

图 5-39　调整空对象图层的位置和绑定父子级

回到上一层级，在"效果和预设"面板找到"滑块控制"效果器，并将它添加到猫"头"图层上，如图5-40所示。

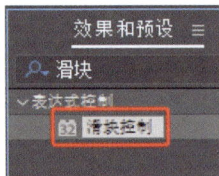

图 5-40　找到"滑块控制"效果器

单击时间轴面板中"眼睛全部"窗口右侧的三条横线，在弹出的菜单中选择"浮动面板"选项，如图5-41所示，这样"眼睛全部"的时间轴面板就浮出来了，如图5-42所示。

图 5-41　选择"浮动面板"选项

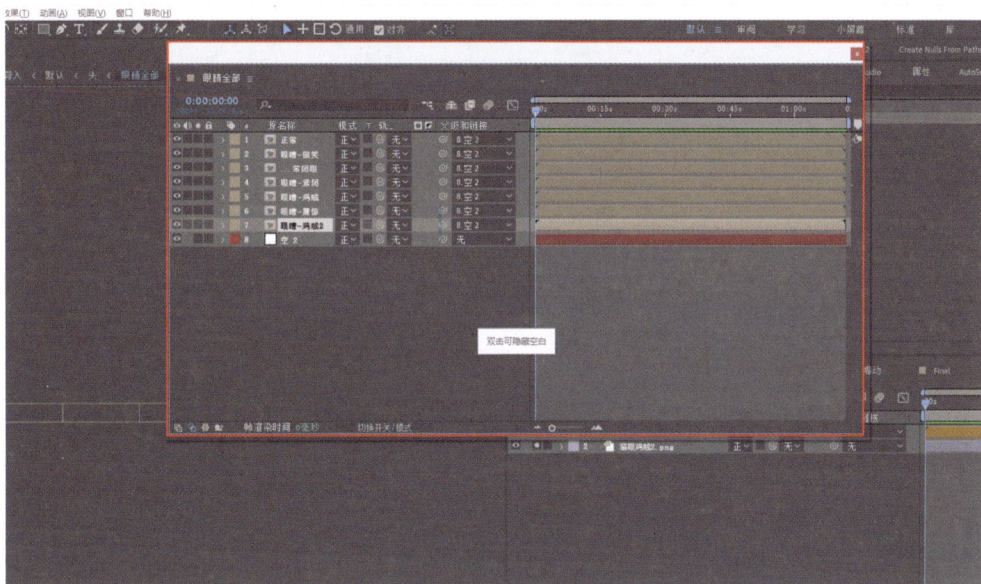

图 5-42　浮出来的时间轴面板

单击"空对象"图层，按P键调出其位置属性，再按Alt键单击位置的小秒表，在表达式输入框中输入"a="，然后单击位置下方的"属性关联器"，将它拖动到"头"合成的滑块属性上，如图5-43所示。

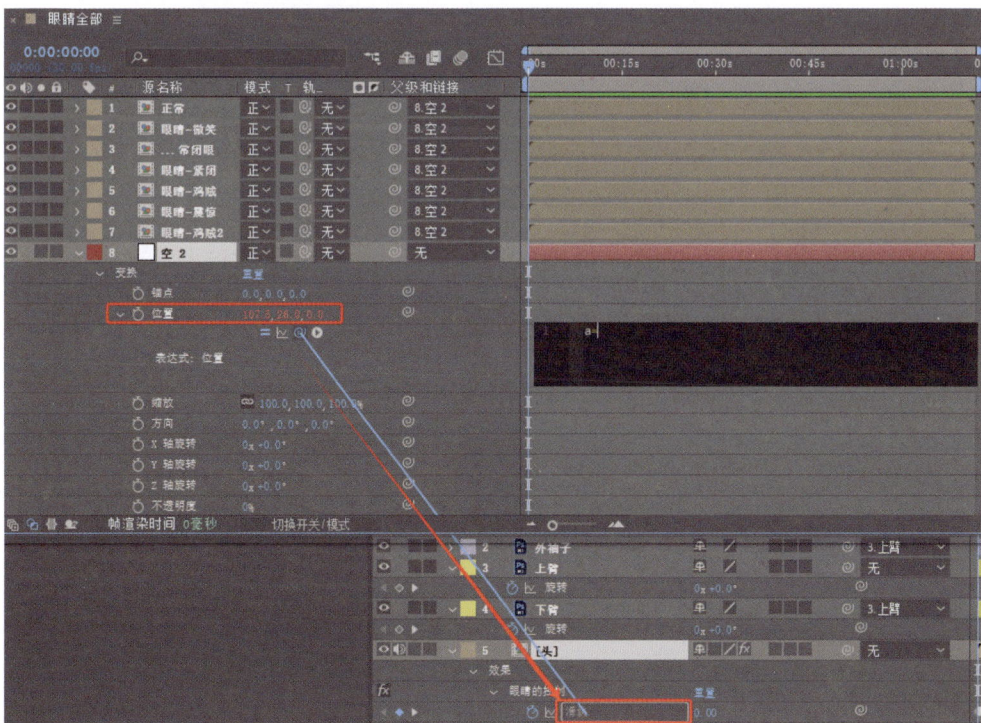

图 5-43　关联不同合成中的图层属性

最后，再在下方输入表达式"value+[-a*215,0]"，就可以实现修改"头"的滑块数值切换不同眼睛形态的效果，如图5-44所示。

图 5-44 在位置属性中输入表达式

5.4 身体绑定

绑定完表情后，剩下的躯干、四肢也要做一个绑定。由于这种类型的动画一般不用做走路动画，所以需要绑定的肢体就是两条手臂。

这里以狗为例介绍手臂的绑定流程。

5.4.1 导入

在"项目"面板的空白处右击，在弹出的快捷菜单中选择"导入"|"文件"选项，导入附赠资料中的"小狗rec.psd"文件，如图5-45所示。

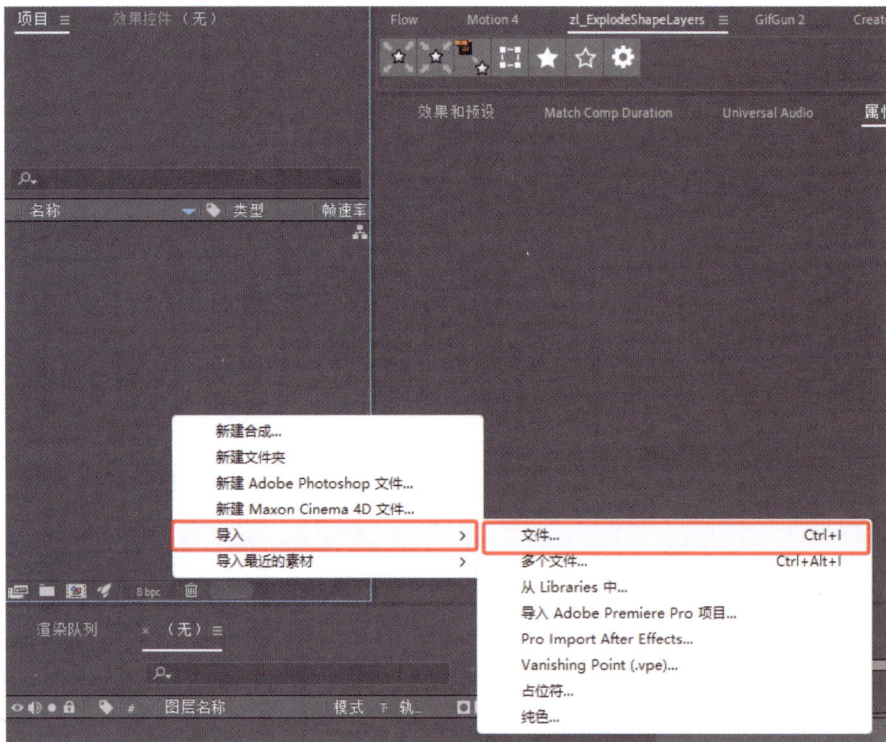

图 5-45 在"项目"面板空白处右击选择导入文件

在导入选项的弹窗中选择"导入种类"为"合成-保持图层大小"选项，"图层选项"选中"合并图层样式到素材"单选按钮，如图5-46所示。

双击打开"项目"面板的"小狗-rec"合成，如图5-47所示。找到"下手臂"和"上手臂"两个图层，按T键调出它们不透明度属性，如图5-48所示。

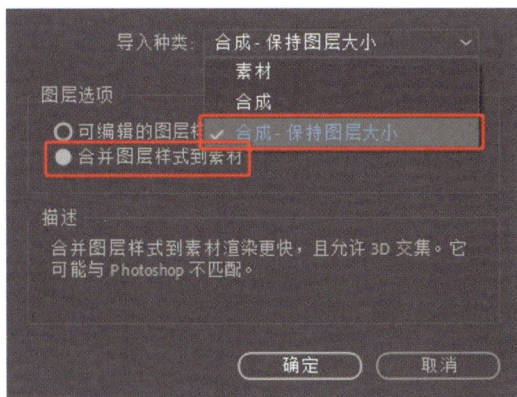

图 5-46　导入选项

图 5-47　双击"小狗-rec"合成

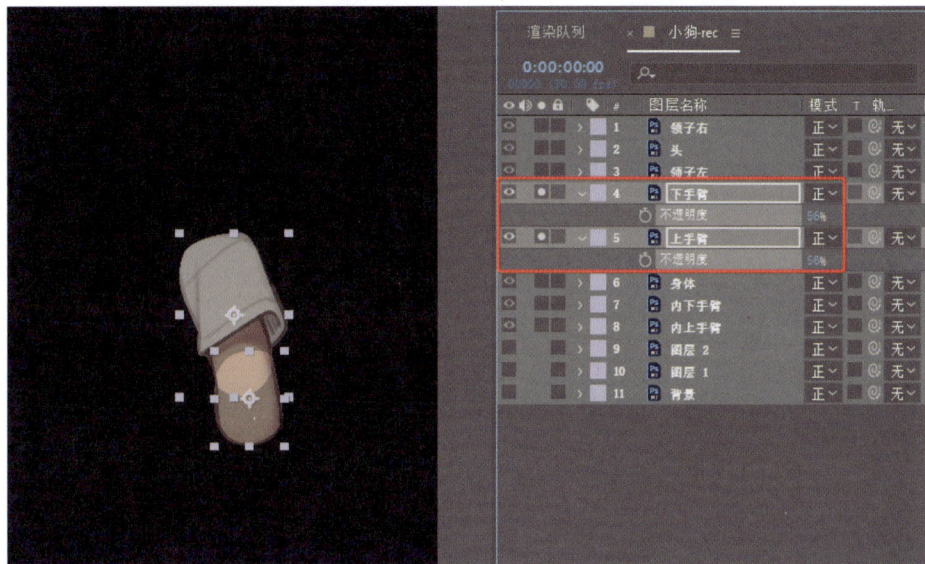

图 5-48　调出肢体图层的不透明度

5.4.2　绑定

选中"上手臂"图层，切换到"向后平移（锚点）工具" ，将"上手臂"的锚点移动到大概肩膀的位置，如图5-49所示；再选择"下手臂"，将"下手臂"的锚点移动到"上手臂"和"下手臂"的交界处，如图5-50所示。

图 5-49　调整上手臂的锚点位置

图 5-50　调整下手臂的锚点位置

最后，将"下手臂"绑定"上手臂"为父级，这样只需要调整两个手臂图层的"旋转"属性，就可以改变手臂的各种形态，如图5-51所示。

图 5-51　调整两个图层的"旋转"属性以改变手臂形态

另外一条手臂也是同理，绑定完成后，想要切换手臂形态只需要改变"旋转"的数值即可。

5.5　主体动画制作

主体动画是根据剧情（本案例主要参考准备好的音频内容）做出角色的主要动作。放到这种类型的动画中就是，角色在什么时间点，应该处于什么位置，脸的朝向是哪里。

5.5.1　导入场景

角色处于什么位置，往往是指角色处于场景中的位置，所以做这一步之前需要先导入场景。场景一般根据脚本的内容来定，如果我们做的本身就是热门作品，那只要参考这个作品的拍摄场景就可以。

本案例场景发生在卧室，用AI绘画生成一张卧室场景图，如图5-52所示。一般来说，背景图不需要做过多处理，但偶尔也会遇到角色和场景中的物品互动的情况。这时直接用前面介绍的拆分、补面的方式，对需要互动的物品进行拆分即可。本案例的被子会盖到角色的身上，所以需要把被子做一个拆分，如图5-53所示。

图 5-52　卧室场景图

图 5-53　将被子拆分出来

将拆分后的文件导入AE中，调整角色图层位置和大小，就可以摆出角色的初始位置，如图5-54所示。

图 5-54　将角色摆放到场景中的合适位置

5.5.2　主体动画

　　接着需要将音频素材导入到合成中，作为给角色做主体动画时的依据。这里还可以选中音频文件，按两下L键，显示它的波形，方便我们更直观地参考，如图5-55所示。具体的操作流程请看本章对应的教学视频。调整后的效果如图5-56所示。

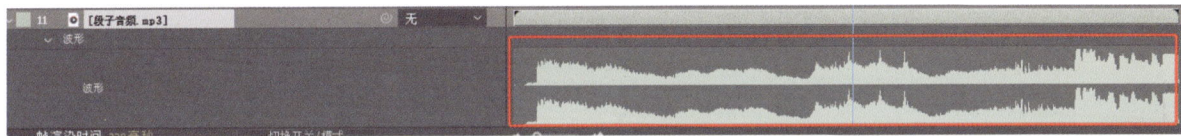

图 5-55　显示音频的波形

图 5-56　给角色猫 K 完主体动画后的关键帧

>◈小贴士
>
>　　做好一个动作之后，为了不让给后续动作K帧时影响到前面做好的动作，可以在K下一个动作时，选中图层按Ctrl+Shift+D组合键对图层做一个切割。

5.6　表情动画

　　由于前面已经把表情进行了绑定，所以在完成主体动画之后，只需要根据主体动画和音频去切换眼睛和嘴巴的形态即可。

5.6.1　切换表情

　　给前面绑定的滑块属性K帧，可以控制角色的眼睛和嘴巴的形态，如图5-57所示。K帧设置好后需要注意，右击关键帧，在弹出的快捷菜单中选择"切换定格关键帧"选项，否则就会看到眼睛和嘴巴水平位移的动画，如图5-58所示。

图 5-57 给角色的表情控制滑块 K 帧

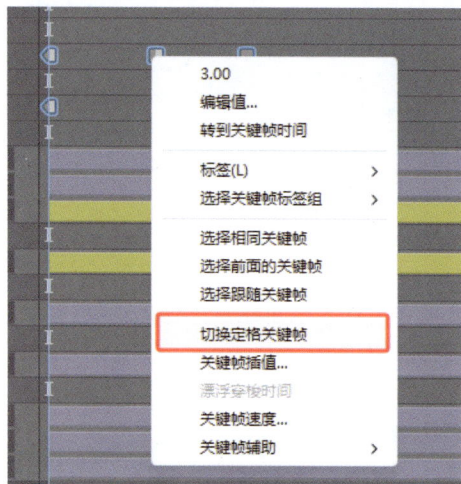

图 5-58 选择"切换定格关键帧"选项

5.6.2 新增表情

在制作表情动画时，难免会出现原有表情不够用的情况，这时候就需要新增表情。新增表情的流程可以参考前面的绑定表情。

有三点需要注意。一是确保新增的表情的合成尺寸和原有的一样大，最好的方式就是先将图层放入表情合成中，再按Ctrl+Shift+C组合键转预合成，并选中"将所有属性移动到新合成"单选按钮，如图5-59所示。二是需要将新增的表情合成放到最下方，这样就不会影响原来已经做好的表情动画，如图5-60所示。三是在添加时，需要将控制器滑块改成0，这样就不会出现位置偏离的情况，如图5-61所示，改完之后，再将控制器滑块的数值改回去即可。

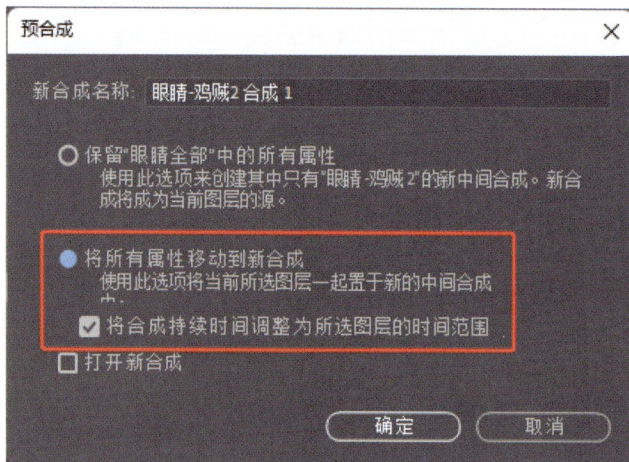

图 5-59 选择预合成选项

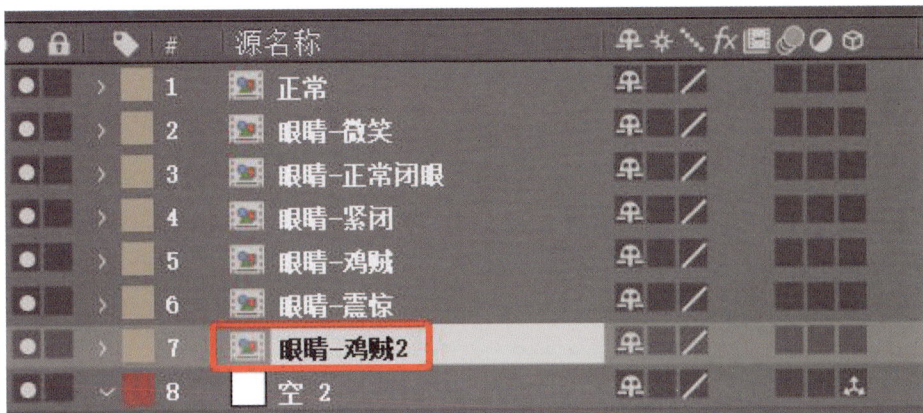

图 5-60　将新增的表情放到图层的最下方

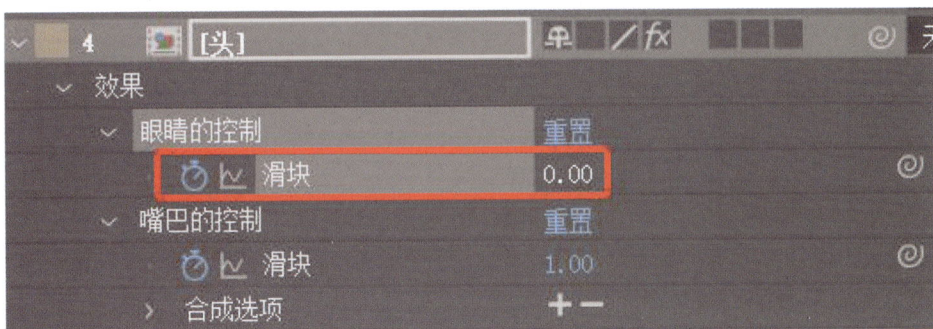

图 5-61　调整滑块的数值

具体操作参考本章教学视频。

5.7　镜头动画

镜头动画可以用最低的成本增加动画的表现力。由于我们做的是一个纯二维的动画，所以做镜头动画其实就是在做位移和缩放动画。

如果想要做一个镜头平移的动画，直接给整个合成做位移即可；如果想要做一个镜头推近的动画，直接给整个合成做缩放即可。

这里有个前提，就是做好的片段的尺寸要大于输出的尺寸，如图5-62所示，否则在做镜头动画时容易穿帮。

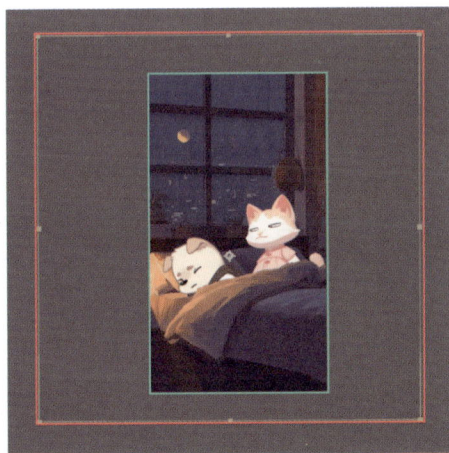

图 5-62　红框是片段尺寸，绿框是输出尺寸

如果要做画面抖动动画，直接给图层的位置K小幅度高密度的关键帧即可，如图5-63所示。

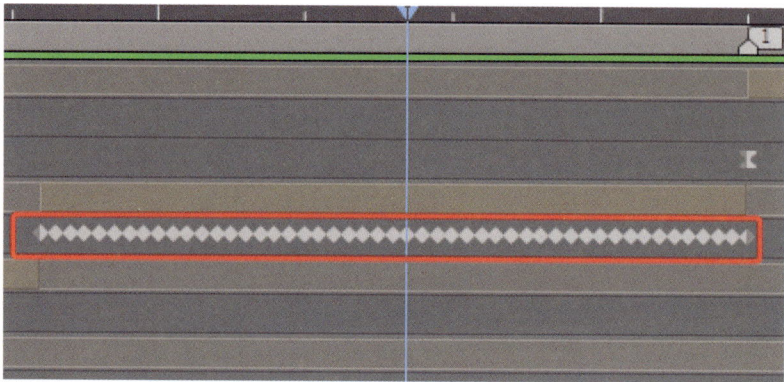

图 5-63　给图层位置 K 帧做抖动动画

在制作镜头动画时，也建议使用前面介绍过的切割方法，每做好一段，就按Ctrl+Shift+D组合键切割一下，这样前面做好的动画就不会被后面的动画影响，如图5-64所示。

图 5-64　做好一段就切割一下

5.8　加字幕

字幕主要可以分为两部分，一部分是对白字幕，一部分是标题花字。由于剪映专业版中有很多现成的花字模板和语音识别功能，所以在做这一步之前，建议先用AE输出成片，再将成片导入剪映专业版中添加字幕。

☑ 5.8.1　输出成片

确保时间轴面板显示的是最终的合成，然后按Ctrl+M组合键将它添加到渲染队列，单击"输出模块"右侧的蓝色文字，如图5-65所示。

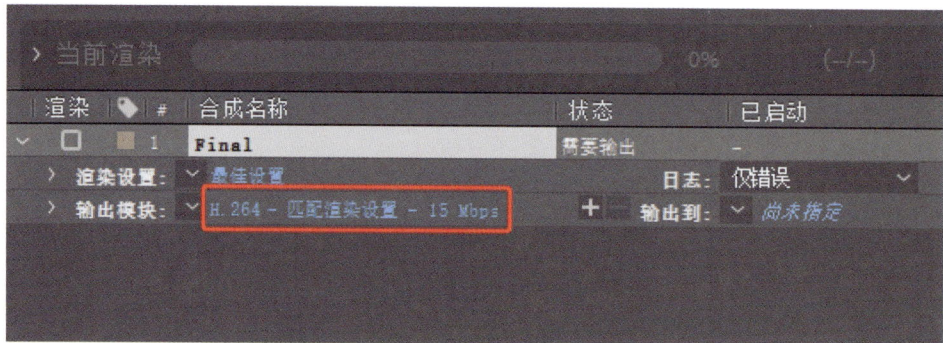

图 5-65　单击输出模块右侧的蓝色文字

在"输出模块设置"的弹窗中选择"H.264"选项，如图5-66所示。如果使用的AE版本比较老，没有这个选项，可以安装一个名为"AfterCodecs"的插件，然后在此面板选择"AfterCodecs.mp4"选项即可，如图5-67所示。

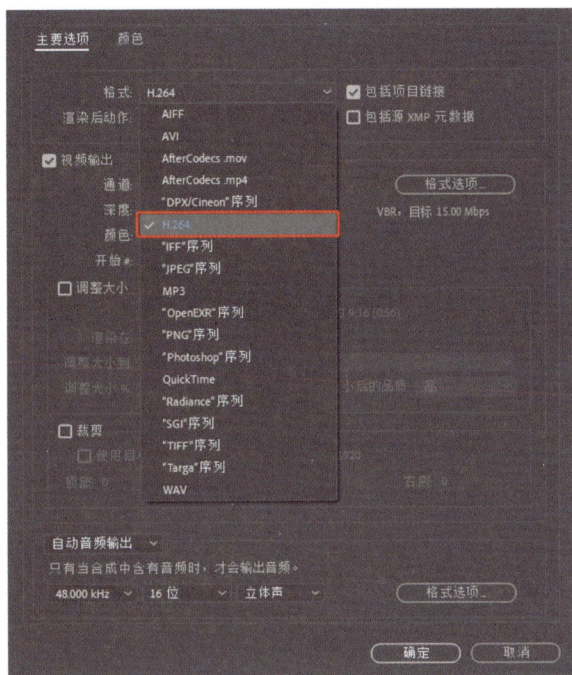

图 5-66　选择"H.264"选项

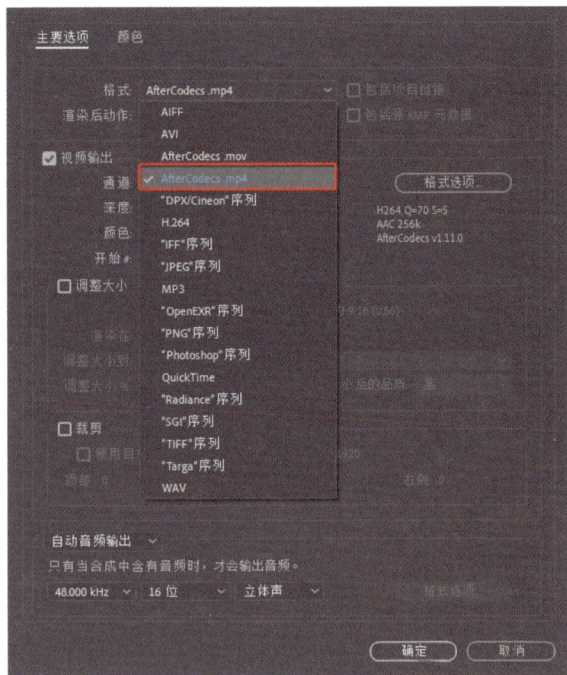

图 5-67　选择"AfterCodecs.mp4"选项

选择完格式后，单击"输出到"右侧的蓝色文字，选择一个放置视频的文件夹位置，如图5-68所示。单击右侧的"渲染"按钮，AE就会开始输出视频，如图5-69所示。

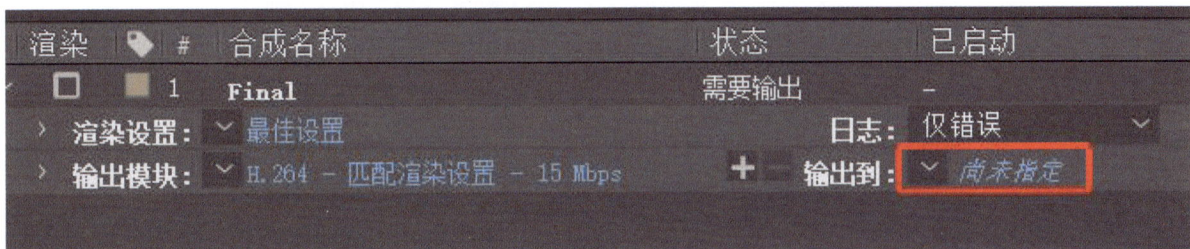

图 5-68　单击输出到右侧的蓝色文字

图 5-69　单击右上方的"渲染"按钮开始渲染

5.8.2　添加字幕

打开剪映专业版，单击右上方的"导入"按钮，将刚刚在AE里输出的"成片"导入剪映专业版中，如图5-70所示。

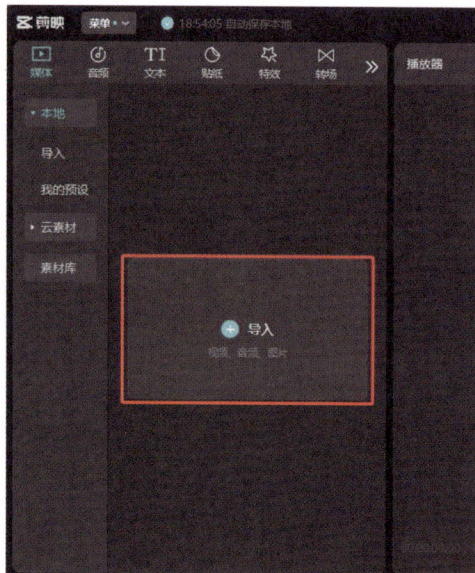

图 5-70 单击"导入"按钮

再将导入的视频拖到下方的时间轴上，如图5-71所示。此时如果想要生成旁白字幕，先选中视频文件，再单击左上角的"文本"按钮，最后单击左侧的"智能字幕"按钮，即可生成字幕，如图5-72所示。

图 5-71　将视频拖到时间轴上

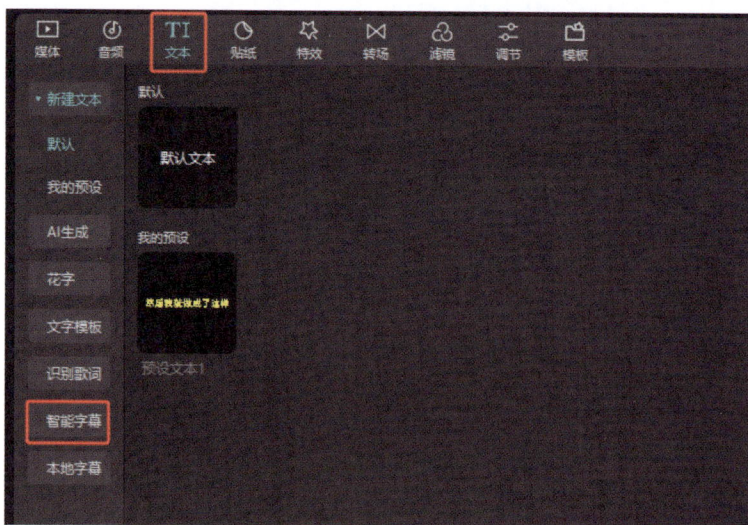

图 5-72　单击"智能字幕"按钮开始识别

单击左侧的"花字"按钮，可以在右侧预览花字效果，如图5-73所示。选择一个喜欢的效果，将它拖动到时间轴上，如图5-74所示。

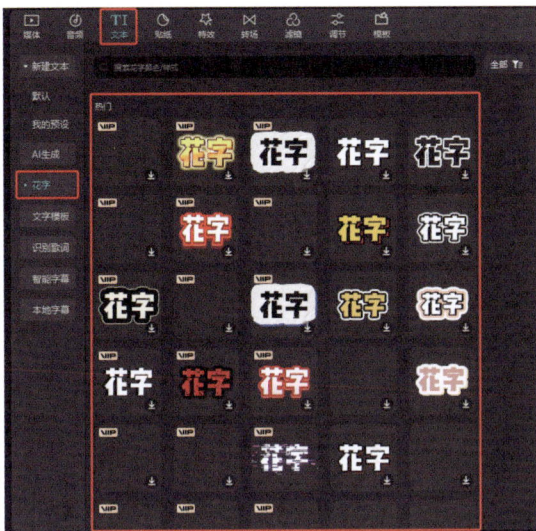

图 5-73　花字效果

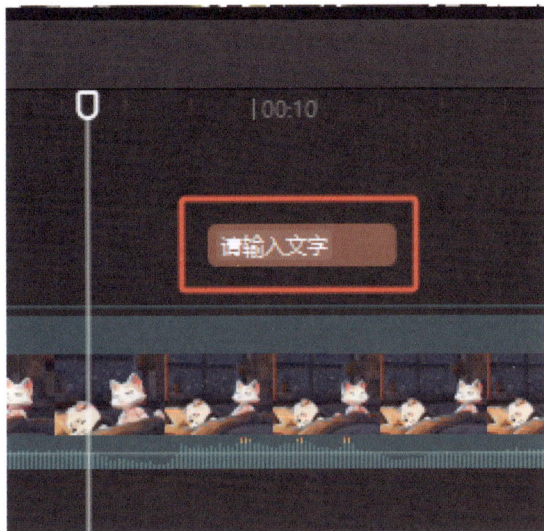

图 5-74　将花字拖动到时间轴上

此时，在剪映专业版的右上角属性面板，可以看到花字的编辑框，还有各项属性的调整模块，如图5-75所示。

最后，调整花字的大小和角度，就可以做出最终的花字效果，如图5-76所示。

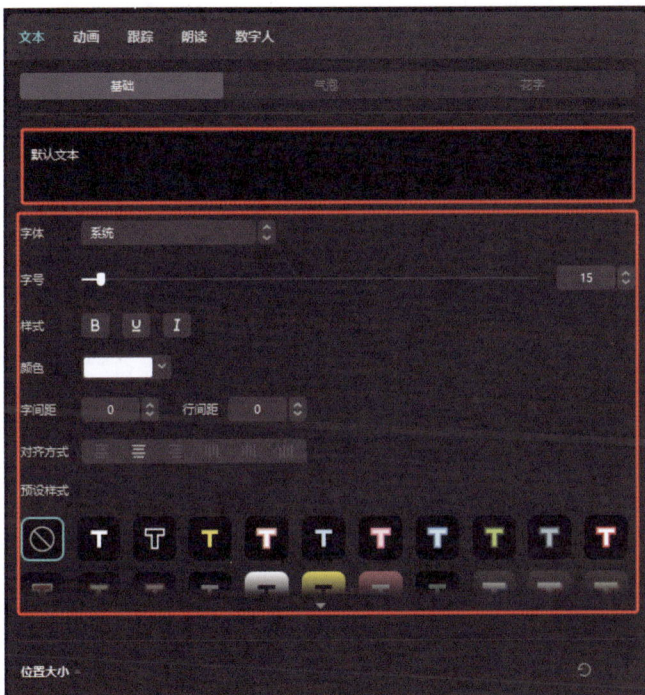

图 5-75　编辑花字的面板

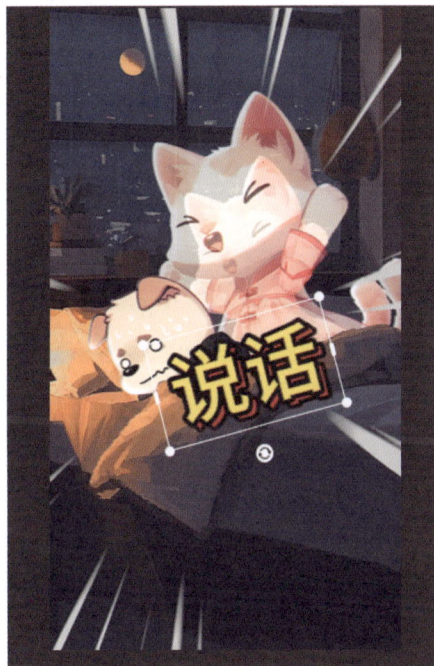

图 5-76　最终的花字效果

5.9　本章小结

本章主要带领大家做了一个小剧场动画，几乎走完了一个完整流程。

整体而言，难度较高，尤其是绑定表情这一部分。但绑定表情一旦理解和做完，后面再用这个角色去演绎其他剧情，成本就会低很多，因为很多素材都是可以重复使用的。

学习过程中，如果有实现不了的地方，建议反复观看视频教程，寻找操作上的不同，这样有利于解决问题。

第6章
制作动态漫画短视频

漫画是一种常见的内容载体，到了短视频时代，出现了一种基于漫画的短视频形式——动态漫画。这种类型的动效工作量最少，制作起来也相对简单，剧情内容和漫画画面，都可以借助AI辅助创作。

例如抖音博主"不会画出版社"的作品就属于动态漫画短视频，如图6-1所示。

图6-1 博主"不会画出版社"的主页截图

这些博主的作品一般都是团队共创，团队里有专门的编剧、画师、动画师、配音师等成员。作为个人创作者，则需要借助AI来完成这类作品的创作。

本章将从0开始，介绍如何完成一个动态漫画风格的短视频。

6.1 制作流程

正式制作之前，需要了解这类作品的制作流程。和创作其他短视频一样，首先要确定选题，而选题方向主要和账号定位有关。

假如我们的账号定位是吸引一些城市白领粉丝，那选题方向就必须要往目标群体关心的内容靠近。确定好方向后，就可以用各种AI工具来辅助生成脚本。

基于脚本，可以借助AI绘画工具来创作每个分镜的画面。

创作完画面之后，再用Photoshop进行分层，导入After Effects制作简单的动画。

接着将脚本中的对白内容提取出来，用AI配音工具配音，然后将动画和配好的声音进行匹配剪辑。

最后再加上合适的音效和背景音乐，一个动态漫画短视频就做完了。

动态漫画短视频制作流程如图6-2所示。

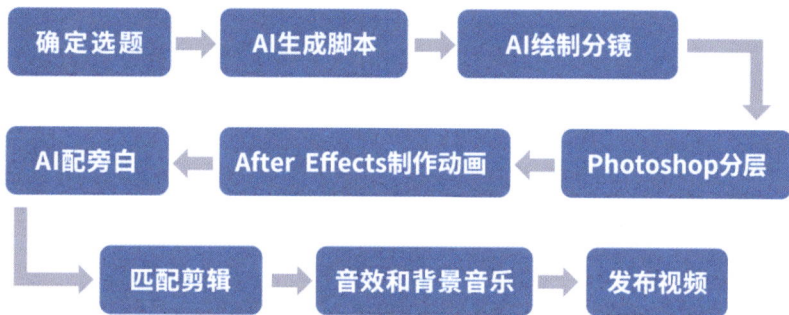

图 6-2 动态漫画短视频制作流程

6.2 脚本生成

可以用来生成脚本的AI工具比较多，例如OpenAI推出的ChatGPT、字节跳动推出的豆包AI、百度推出的文心一言、月之暗面推出的Kimi等，如图6-3所示。

图 6-3 目前市面上比较主流的 AI 工具

想要让AI工具生成出自己满意的脚本，就必须会写Prompt（提示词）。网上有很多写提示词的技巧，但随着AI工具越来越智能化，我们其实未必要按照固定的格式去写提示词。能描述清楚自己的问题，往往也能得到比较满意的结果。

假设我们的账号定位就是吸引那些在外地打拼的年轻人，那用AI生成脚本时，就要说清楚我们要生成的内容题材、包含的相关要素，以及我们要实现的目标。

例如输入一段输入提示词：

> 你是一个短视频脚本作者，现在要写一个400字左右的短视频脚本，讲述在外打拼的年轻情侣的日常生活，要求能引起观众的共鸣。

把上面的提示词发送到Kimi，结果如图6-4所示。

发送给豆包AI，结果如图6-5所示。

你是一个短视频脚本作者，现在要写一个400字左右的短视频脚本，讲述在外打拼的年轻情侣的日常生活，要求能引起观众的共鸣。

【标题】：城市里的小确幸

【场景】：一间简约的出租屋，窗外是繁华的城市夜景。

【镜头一】
（早晨，阳光透过窗帘洒在床边）
男： （揉着眼睛）"早安，宝贝。"
女： （微笑回应）"早安，今天又是元气满满的一天！"

【镜头二】
（厨房，两人忙碌着准备早餐）
男： （煎蛋）"今天的鸡蛋煎得怎么样？"
女： （搅拌着麦片）"完美，就像我们的生活。"

【镜头三】
（地铁，两人挤在人群中）
男： （紧握女手）"不管多挤，有你在身边就感觉温暖。"
女： （依偎在男肩上）"是啊，一起奋斗的日子，最珍贵。"

【镜头四】
（办公室，男加班到深夜）
男： （看着窗外的星空）"为了我们的未来，再累也值得。"

【镜头五】
（晚上，两人在小餐馆）
女： （举杯）"干杯，为了我们的小家。"
男： （碰杯）"也为了我们的爱，永不褪色。"

【镜头六】
（夜晚，两人在公园散步）
男： （指着星空）"看，那颗最亮的星，就像我们的希望。"
女： （依偎在男怀中）"无论多遥远，我们都会一起到达。"

图 6-4 使用 Kimi 生成的结果

你是一个短视频脚本作者，现在要写一个400字左右的短视频脚本，讲述在外打拼的年轻情侣的日常，要求能引起观众的共鸣。

以下是一个关于在外打拼年轻情侣日常的短视频脚本：

镜号	景别	画面	台词
1	全景	拥挤的出租屋，早晨阳光透过窗户照在凌乱的床上	女：亲爱的，新的一天又开始啦
2	近景	情侣两人在狭小的卫生间一起洗漱，互相打闹	男：哈哈，别闹，小心水溅到你
3	中景	两人一起出门，手牵手走在拥挤的街道上	女：今天也要加油哦！
4	特写	男生在办公室忙碌地工作，脸上露出疲惫	旁白：为了梦想，努力拼搏
5	特写	女生在餐厅当服务员，热情地招待客人	旁白：生活虽苦，但有彼此
6	中景	下班后，两人在菜市场挑选便宜的蔬菜	女：今天吃这个怎么样？男：好
7	近景	回到出租屋，一起做饭，互相帮忙	男：有你在身边，再累也值得
8	全景	晚上两人依偎在沙发上，看着电视，憧憬未来	女：相信我们以后会有自己的家

这个脚本通过展现年轻情侣在外打拼的平凡而又温馨的日常，希望能够引起观众对于奋斗、陪伴和梦想的共鸣。例如，在挑选便宜蔬菜的场景中，能让很多有类似经历的观众回想起自己曾经为了节省开支而精打细算的日子；而在两人憧憬未来的时刻，又能让观众感受到那份对美好生活的期待和坚定的信念。

图 6-5　豆包 AI 生成的结果

一般，第一遍生成的结果不满意是非常正常的，这时候就要去调整。调整的方式也很简单，就是把AI当成一个“人”，直接说出自己的诉求即可。

例如，我觉得这些文案都不够感人，我希望再感人一点，那我就可以说“能不能再感人一点？”如果对生成的题材不满意，也可以在提示词里加入更多明确的限制。

得到满意的脚本之后，就可以直接输入提示词：请将这个脚本转换成AI绘画的提示词。

就会得到基于已有脚本得到的AI绘画的提示词，如图6-6所示。

把这个脚本转换成AI绘画的提示词

以下是将上述短视频脚本转换成的 AI 绘画提示词：

1. 昏暗狭小的出租屋内部，晚上灯光微弱，一对年轻情侣站在床边，女生表情忧愁，男生手里拿着欠费通知，沉默不语。
2. 清晨的出租屋，阳光从窗户照进来，床上的情侣被闹钟吵醒，睡眼惺忪地匆匆起床。
3. 工厂的流水线上，特写一位年轻女生的手，机械地工作着，手上磨出了茧子。
4. 工地上，炎热的太阳下，一位年轻男生汗流浃背，累得直不起腰，周围是建筑材料和工具。
5. 路边摊旁，年轻情侣坐在简陋的桌椅前，吃着便宜的饭菜，互相给对方夹菜，脸上带着勉强的笑容。
6. 昏暗的出租屋内，生病的女生躺在床上，脸色苍白，男生坐在床边，一脸心疼。
7. 男生下班后，手里拿着药，走进出租屋，灯光照在他身上，脸上充满担忧。
8. 节日里，热闹的街道，人们欢声笑语，镜头转到出租屋内，情侣相依为伴，望着窗外，眼神中充满对未来的期待。

图 6-6　基于视频脚本生成的 AI 绘画提示词

生成的脚本不满意，也可以自己修改，修改完成后再发回给AI润色，润色完成后，再让它帮我们写AI绘画的提示词。

总之，有了AI绘画的提示词之后，就可以开始进行下一步操作。

6.3 绘制分镜

可以用来生成图片的AI工具也比较多，例如Midjourney、Stable Diffusion、百度的文心一格等，如图6-7所示。

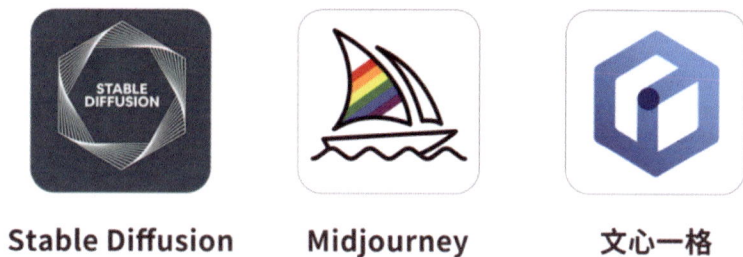

图 6-7　一些常用的 AI 生图工具

经过测试，并且在综合了使用门槛、使用难度和使用成本之后，笔者比较推荐使用V2智能的生图功能。使用搜索引擎搜索"V2智能"就可以找到这"V2智能"网站。如果是第一次使用这个网站，则需要注册，如图6-8所示。

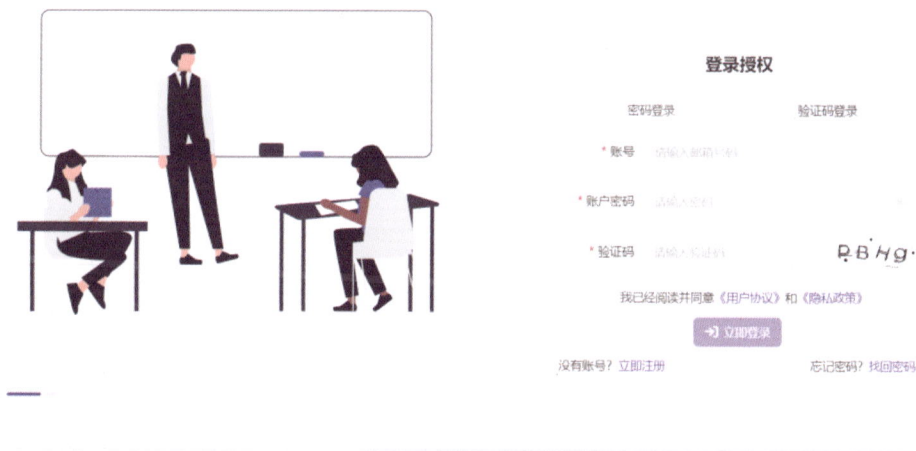

图 6-8　"V2 智能"的注册页面

完成注册后登录网站，会看到左侧有很多AI工具，单击"绘画"按钮，就可以使用AI绘画工具，如图6-9所示。"绘画"包含三种方式：文生图、混图和咒语解析，如图6-10所示。这里主要用第一个功能——文生图。

- 图像描述：主要用来输入提示词，也就是告诉AI我们想要生成的画面是什么样的。
- AI模型：主要用来控制生图风格。需要注意的是，在这个网站上，使用不同的生图模型需要耗费的积分也不同。制作动态漫画短视频，一般选用"NIJI卡通动漫"模型，如图6-11所示。其他的模型，大家也可以自行探索。

图 6-9　单击网站左侧的"绘画"按钮

图 6-10　三种绘画方式

- 否定提示：用来输入不希望画面中出现的物品。
- 尺寸：用来控制生图的比例。
- 普通参考图：可以上传想生成风格的参考图。
- 风格参考图权重：用来控制生成图在多大程度上接近参考图，数值越大越接近。
- 角色参考图：用来控制生成图里面的人物风格。
- 混乱程度：数值越大，提示词对画面的影响就越小。
- 风格化程度：数值越大，生成画面的"艺术感"越强。

部分常用参数如图6-12所示。

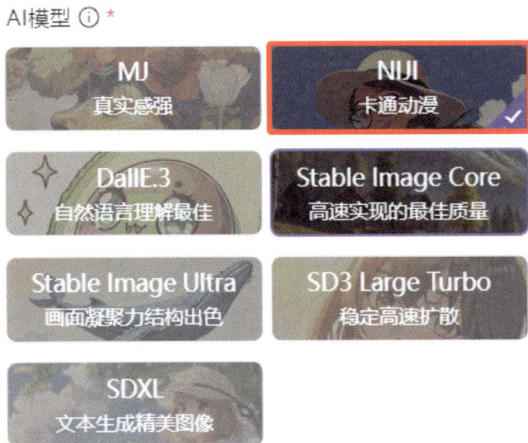

图 6-11　"NIJI 卡通动漫"模型

图 6-12　部分常用参数

接下来用AI生成的提示词来生成一幅分镜。把生成的提示词直接复制到"图像描述"文本框中，"AI模型"选择"NIJI卡通动漫"，"尺寸"选择"1∶1头像"，如图6-13所示。

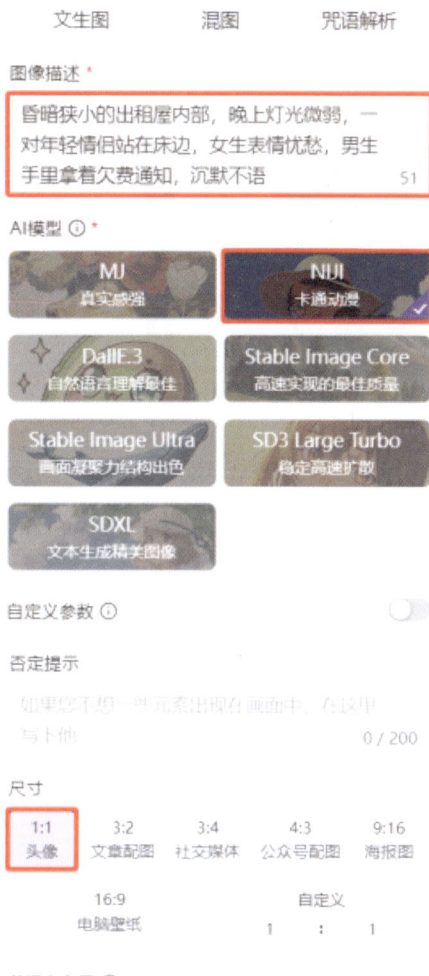

图 6-13　生成图的相关设置

等待1min左右，就会得到四幅图，然后从四幅图中选择比较满意的一幅即可，如图6-14所示。

图 6-14　基于提示词和模型生成的四幅图

如果对生成的结果不满意，可以微调提示词或者修改模型，再次单击"重新生成"按钮，直到生成满意的图片为止。

看到满意的图之后，需要将它放大才能使用，单击左下角的"放大"按钮，选择想要放大的那幅图即可，如图6-15所示。

如果得到的图片效果大致满意，但希望有一些变化，可以单击右下角的"微调"按钮，选择要微调的图片，如图6-16所示。

图 6-15 "放大"按钮　　　　图 6-16 "微调"按钮

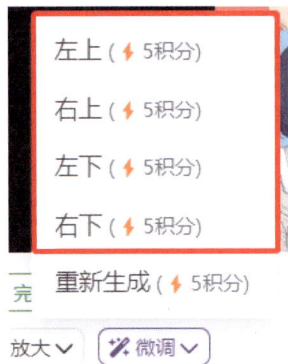

得到满意的图之后，可以保存到计算机，准备开始进行下一步操作。

6.3.1 风格统一

AI生图经常会遇到风格不统一的问题，如果两幅图的画风差异过大，即使做成短视频，看起来也很"割裂"。使用"风格参考图"可以在一定程度上解决这个问题。

使用"风格参考图"的方式很简单，提示词和相关设置都不用修改，只需要在页面中上传对应的参考图，并调整相应的权重即可，如图6-17所示。

图 6-17　上传参考图

这里需要注意参考图的权重设置，一般不宜过高，否则容易导致生成图和参考图过于接近；参考图也不宜上传太多，否则生成的图也容易"崩掉"。

如图6-18所示，左侧添加了"普通参考图"，并将权重设置为0.68；右侧没有添加任何参考图。

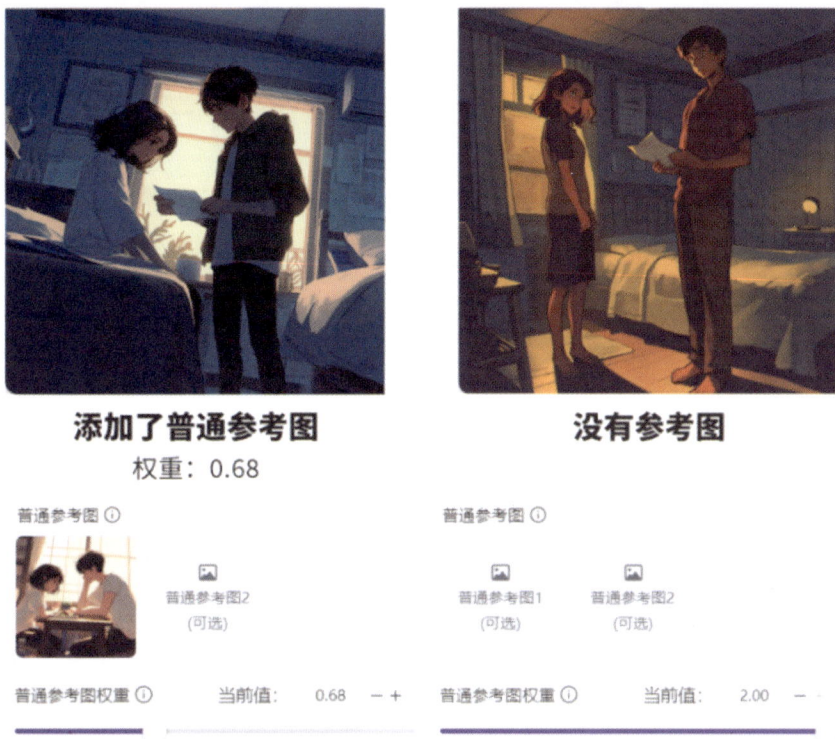

图 6-18　添加参考图和不添加参考图效果对比

6.3.2　人物一致性

除了要解决风格一致性的问题，还要解决人物一致性的问题。不能出现上一个场景中人物的样子到下一个场景中就变了的情况。

对于漫画绘画风格来说，只要能保证发色、发型、着装一致，观众基本觉察不到人物的变化，所以，我们就可以在提示词中加入对人物特征的描述。

在填写提示词时，描述到人物时，就在前面加入几个限定词，例如，描述女生：黑色短发、白色T恤；描述男生：黑色短发，黑色衬衫。

这样在保证风格一致的前提下，就很容易生成出看似一样的人物。

6.4　人物分层

漫画短视频需要做的动画效果并不多，所以需要分层的地方也不多。如果在分层之前，确认好我们要做的最终动画效果，那就可以大大减少分层的工作量，避免不必要的分层工作。分层主要用Photoshop中的画笔工具。

下面用一个案例介绍分层时的一些注意点和技巧。

6.4.1　眨眼分层

漫画短视频中，眨眼几乎是我们做得最多的一个动画。想要让静态的人物眨眼，需要保证原图素材的眼睛是睁着的，如图6-19所示。

接着我们需要做的就是给人物画上一层眼皮，没有手绘功底也没关系，只需要会使用"钢笔工具"即可。切换到钢笔工具，在人物的眼睛上方勾勒一个形状，这个形状要刚好能盖住眼睛本身，如图6-20所示。

图6-19 素材的人物眼睛必须是睁着的

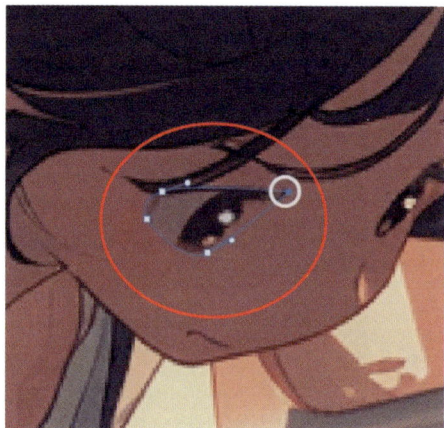

图6-20 在眼睛上方绘制一个形状

单击工具栏上方的"形状"按钮，将路径转换为形状，如图6-21所示。

图6-21 单击"形状"按钮

接着把这个形状的填充颜色设置成人物脸部皮肤的颜色，如图6-22所示。

最后用画笔在形状的下边缘绘制出黑色的睫毛，如图6-23所示。更详细的操作见本章对应的视频教程。

图6-22 设置眼皮的颜色

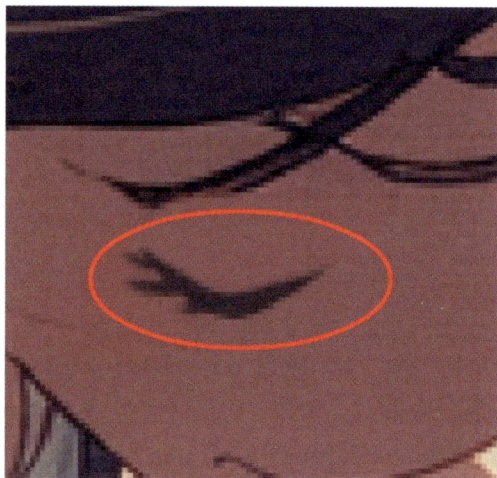

图6-23 给眼皮绘制睫毛

6.4.2 处理背景

眨眼动画只发生在人物内部，如果我们想让人物做某个动作，就要把人物和背景进行拆分。拆分要做的第一步就是用钢笔或者其他方式把人物要动的部分抠出来。

本案例中有一个分镜，我希望人物的头可以做一个抬头动画，用钢笔把人物的头部抠出来，如图6-24所示。

抠完之后，还需要将被头遮挡的背景补上，否则人物在运动时就会穿帮。这种漫画风格基本都是纯色为主，所以补背景也比较简单，用钢笔或者选区工具，框选出要补的区域，直接填充纯色即可，如图6-25所示。

图 6-24　抠出人物的头部

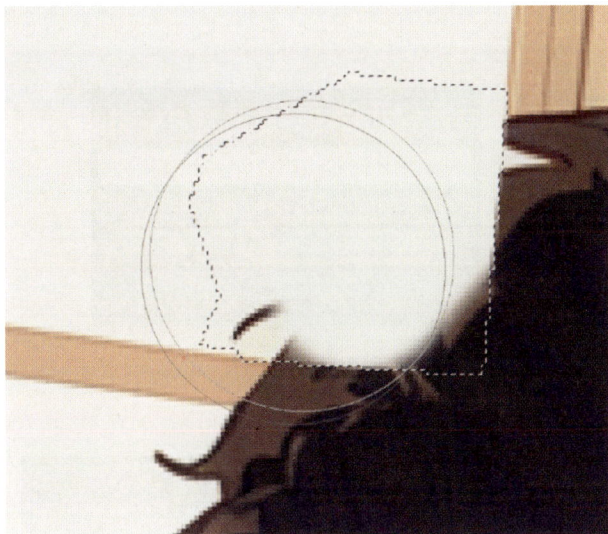

图 6-25　框出选区并填充颜色

修补完成后，被遮挡的部分就看不到原来的人物部分了，如图6-26所示。

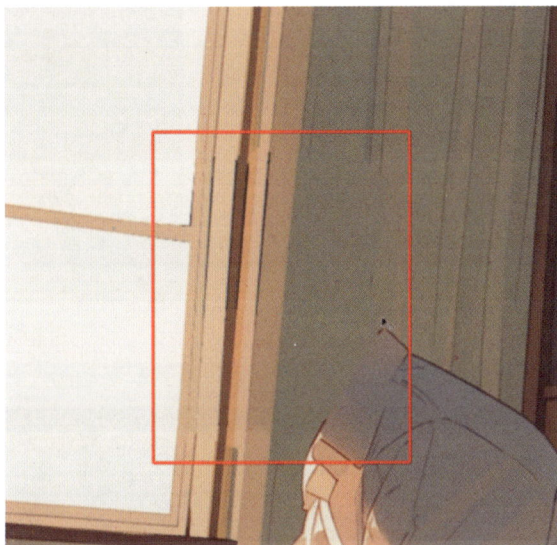

图 6-26　修补后的效果

6.5　动画制作

根据需要处理完每个分镜的分层后，就可以开始做动画。我们要做的动画一般包含四部分：表情动画、肢体动画和镜头动画。下面介绍各部分动画制作的注意点和技巧。

6.5.1　表情动画

表情动画主要集中在眼睛和嘴巴，眼睛就是眨眼动画，嘴巴就是开合动画。

1. 眨眼动画

眨眼动画用的是After Effects自带的"液化"效果器。在"效果和预设"面板搜索"液化"，如图6-27所示，将找到的效果器添加到"眼皮"图层上。接着切换到"液化"效果器的"涂抹工具"，如图6-28所示。

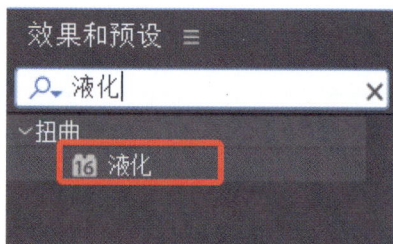

图 6-27　搜索"液化"效果器

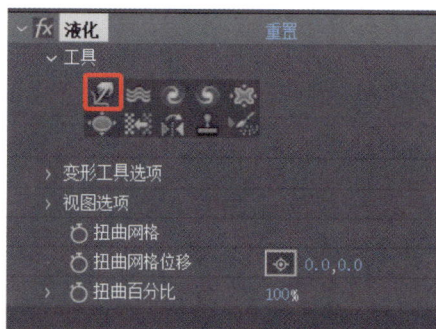

图 6-28　切换到"涂抹工具"

　　笔刷大小调整到比眼皮稍大即可，否则涂抹容易不均匀，如图6-29所示。接着用笔刷将眼皮往上推，调整为眼睛睁开的样子即可，如图6-30所示。

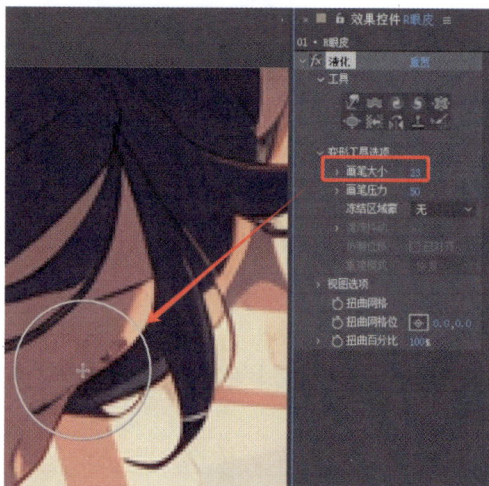

图 6-29　调整笔刷大小

图 6-30　将眼皮往上推

　　只要调整"液化"效果器的"扭曲百分比"数值，就可以看到眨眼动画，如图6-31所示。

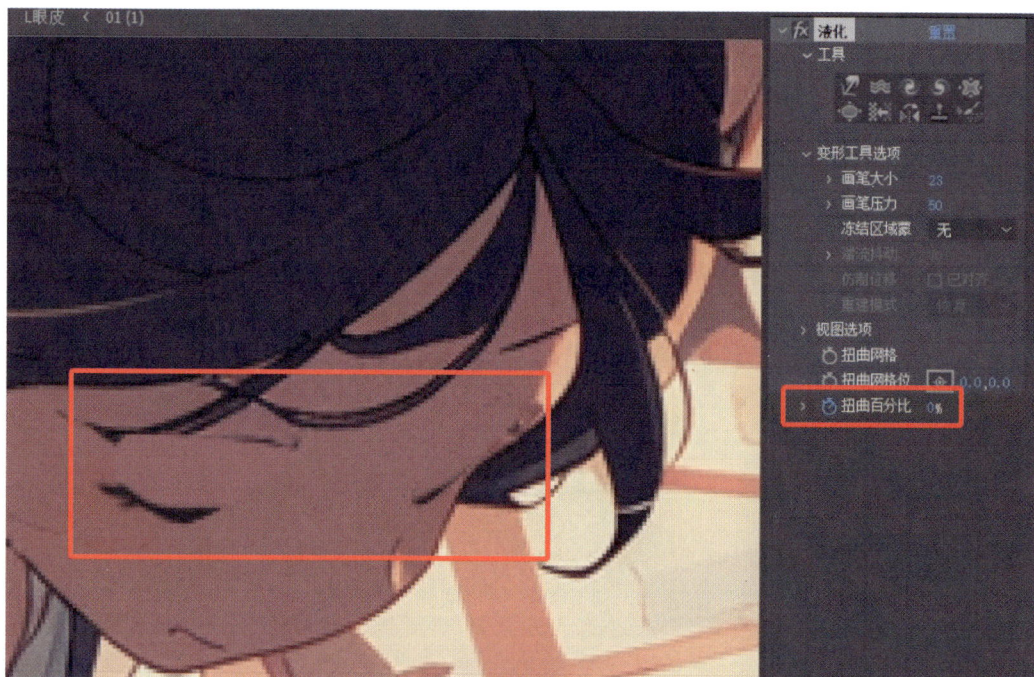

图 6-31　调整"扭曲百分比"数值以控制眼睛开合

2. 开合动画

制作嘴巴开合动画，需要先准备好嘴巴的两个形态，分别是"闭着"形态和"张开"形态，如图6-32所示。

图 6-32　准备好两种嘴巴形态

导入After Effects后，将每种嘴巴形态图层长度控制在3帧左右，然后交替错开，如图6-33所示。这样，预览时就会看到人物的嘴巴一直在动。

图 6-33　交替错开嘴巴图层

6.5.2　肢体动画

本案例要做的肢体动画是人物的轻微抬头，有时可能还会做手臂的摆动，二者原理是一样的。

将之前分好层的文件导入After Effects，接着用"图钉工具"给头图层的关节处打上点（头是没有关节的，可以理解为把头可以旋转的地方打上点）。这里要注意的是，肢体的末尾处也需要打点，最终效果如图6-34所示。选中上面的两个点，使用"Duik Bassel"脚本的"添加骨骼"功能，如图6-35所示。

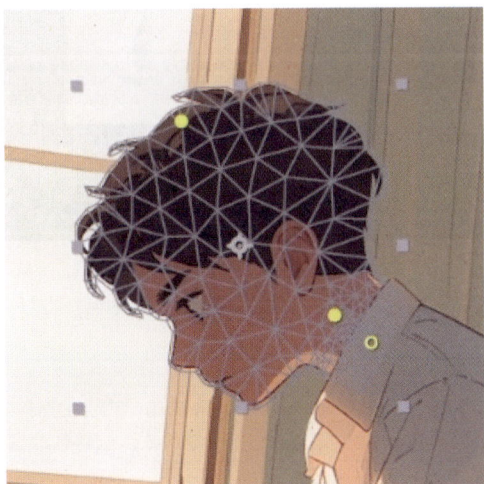

图 6-34　打点效果

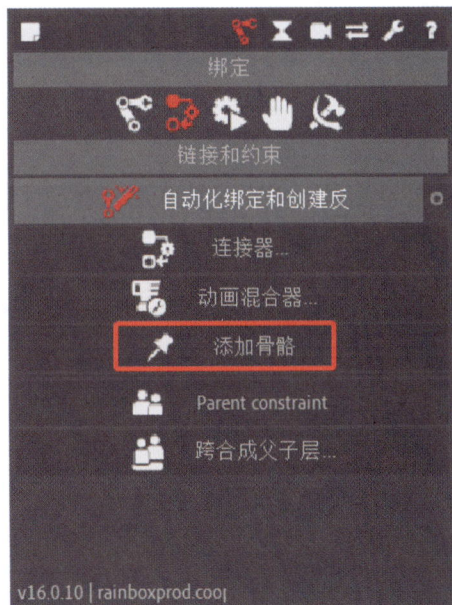

图 6-35　Duik Bassel 的"添加骨骼"功能

接着将这两个点转换为"骨骼"，如图6-36所示。

将头部的"骨骼"绑定到脖子的"骨骼"上作为其子级，如图6-37所示。这时只要调整脖子"骨骼"的旋转属性，就可以看到点头动画。

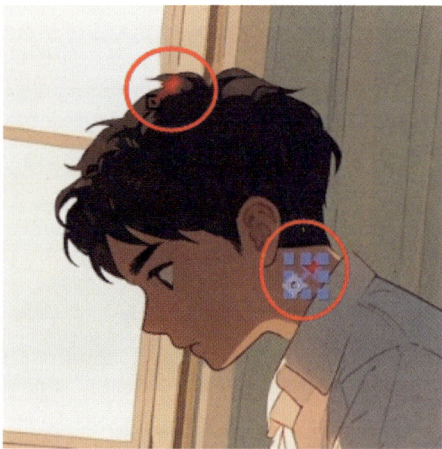

图 6-36　添加骨骼后的效果

图 6-37　绑定父子级

大部分肢体动画都可以使用加点—转换成"骨骼"—控制"骨骼"的思路来实现。

6.5.3　镜头动画

由于素材都是2D的，且没有分层，想要制作镜头动画就需要将画面进行切割。切割成局部后，再去做位移和缩放，看起来就会比较像镜头动画。

将做好的动画片段拖入新的合成，然后用"矩形工具"在片段上方绘制一个矩形，如图6-38所示。矩形的区域就是镜头区域。

接着，使用"轨道遮罩"功能，将矩形设置为动画片段的**Alpha**遮罩，就会发现片段除了矩形区域内的部分都被截掉了，如图6-39所示。

图 6-38　在片段上方绘制一个矩形

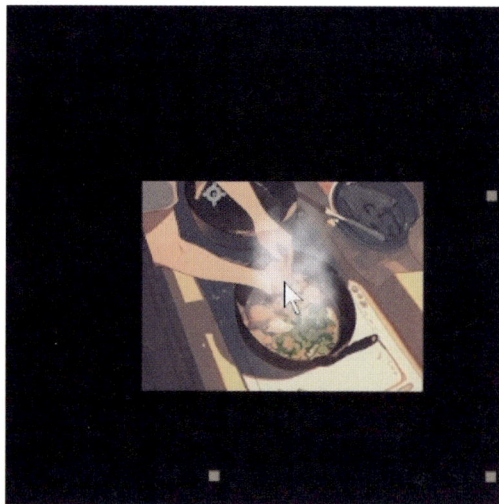

图 6-39　给片段设置轨道遮罩

这时如果给动画片段做位移，矩形遮罩保持不动，就会看到类似镜头平移的效果；如果给动画片段做缩放，矩形遮罩保持不动，就会看到镜头拉伸的效果。

6.6　旁白制作

旁白或者人物对话的制作有两个方式，一个是自己配，另外一个就是用AI生成。目前市面上可以用AI生成语音的工具也比较多，但收费的居多，免费的推荐使用剪映。

打开剪映专业版，单击上方的"文本工具"创建文本，然后输入人物的台词或旁白，如图6-40所示。

图 6-40　将人物台词或旁白输入剪映专业版

　　接着，选中某个文本片段，单击右侧的"朗读"按钮，选择合适的声音，最后单击右下方的"开始朗读"按钮，就会得到对应的音频，如图6-41所示。

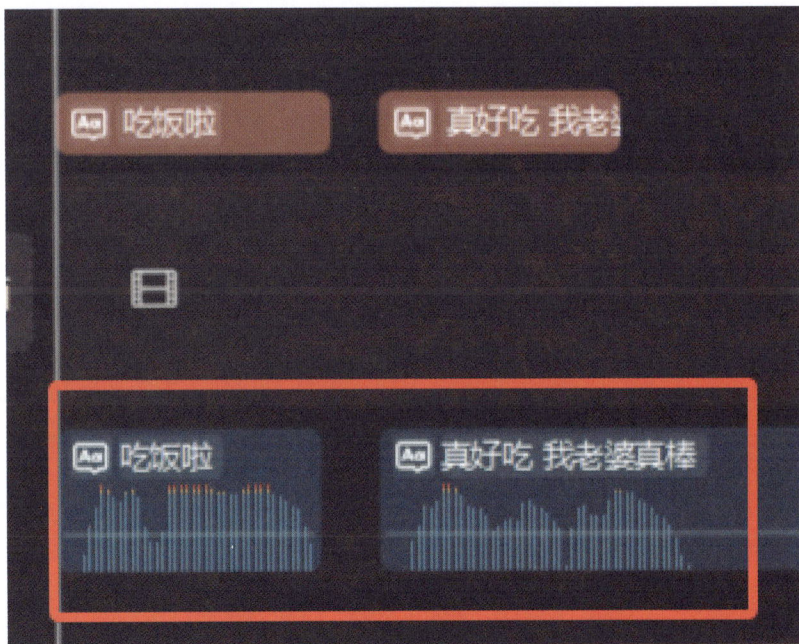

图 6-41　基于文本生成的音频

　　所有音频都生成完毕后，单击右上角的"导出"按钮，将整段音频导出为MP3格式的音频文件即可，如图6-42所示。

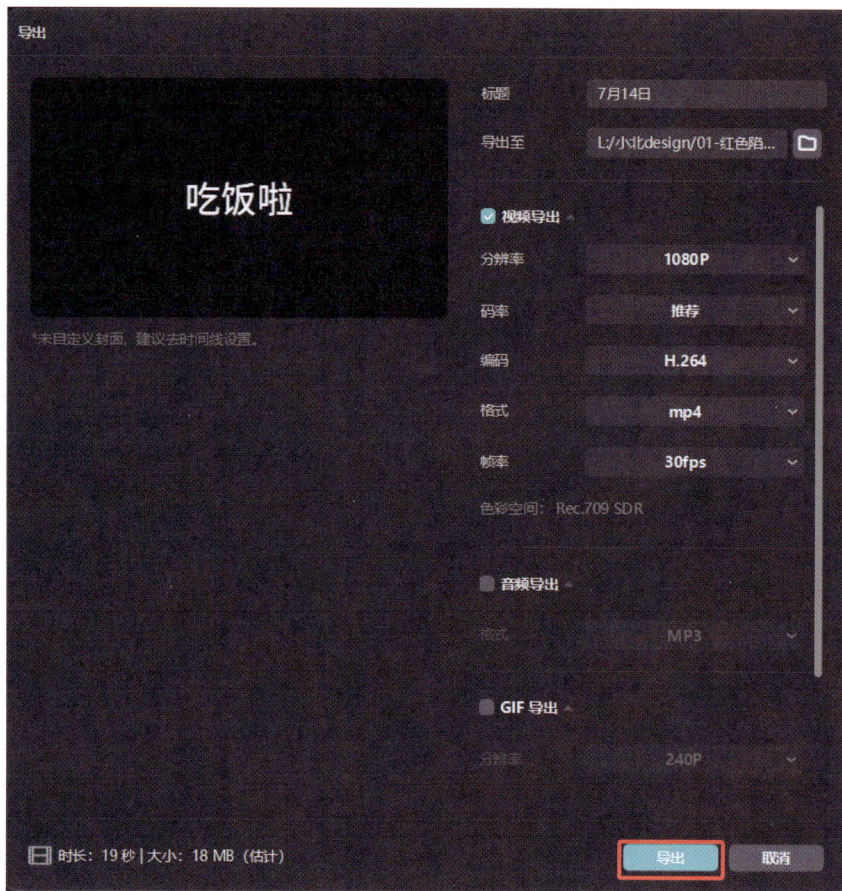

图 6-42　导出生成好的音频文件

6.7　匹配剪辑

有了音频文件之后，要将前面做好的片段和音频进行匹配。最常见的就是人物嘴巴动的时候，要有对应的声音。

这里用到最多的一个技巧是显示音频波形。将音频文件拖入时间轴，选中音频文件，再按两次L键，就可以看到音频的波形，如图6-43所示。基于可视化的波形再去剪辑时，效率就会高很多。

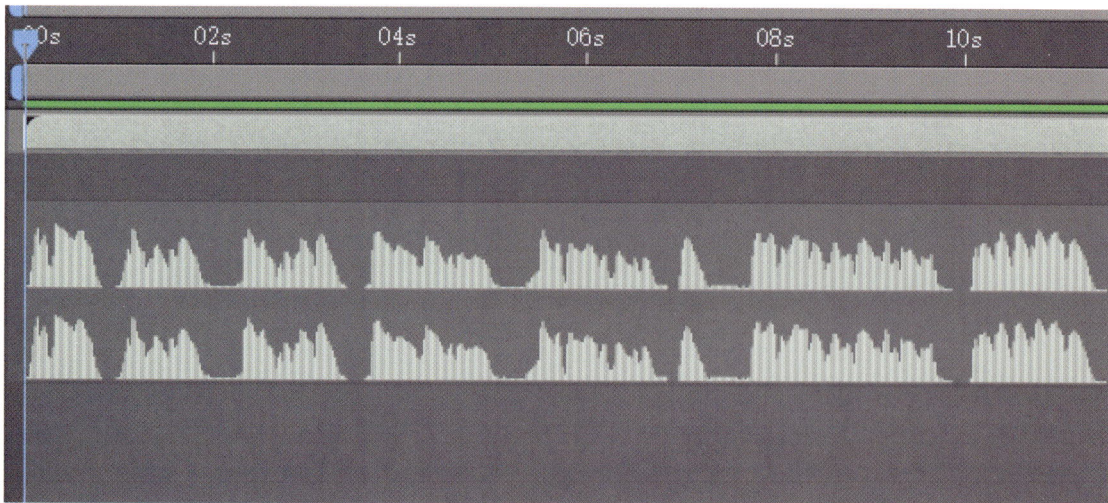

图 6-43　显示音频的波形

由于生成的音频是连贯的，并不会根据视频的节奏去断开，所以为了让音频和画面匹配，切断音频文件也是经常要做的一个操作。

将当前时间指示器移动到需要切断的地方，按Ctrl+D组合键就可以将音频断开，如图6-44所示。

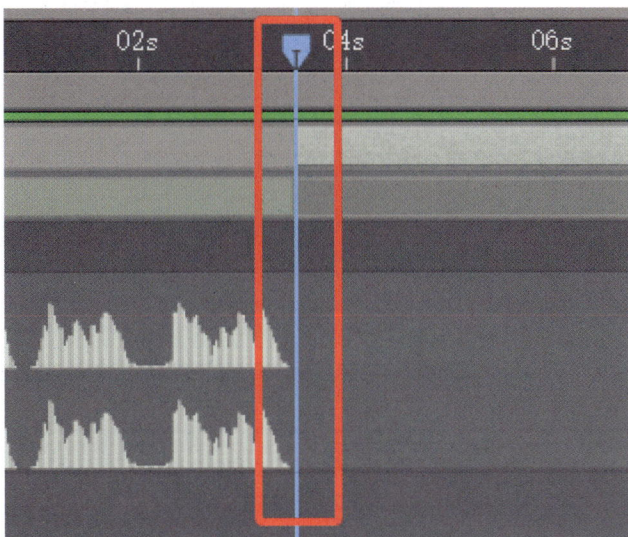

图 6-44　切断音频后的效果

匹配剪辑完成后，输出MP4格式的视频。

6.8　添加音效和背景音乐

由于剪映本身自带很多音效素材，所以这一步会到剪映专业版中完成。将在上一步做好的视频导入剪映专业版，拖到时间轴上，如图6-45所示。单击左上角的"音频"按钮，如果要找音效素材，单击左侧的"音效素材"下拉按钮，如图6-46所示；如果要找背景音乐素材，就单击左侧的"音乐素材"下拉按钮。

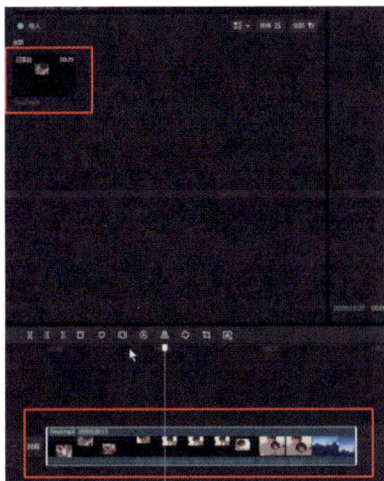

图 6-45　将做好的视频导入剪映专业版

图 6-46　选择音效素材分类

选择完分类后，需要什么音效素材，直接在搜索栏搜索即可，如图6-47所示。试听完之后觉得素材合适，直接拖动到时间轴上即可，如图6-48所示。

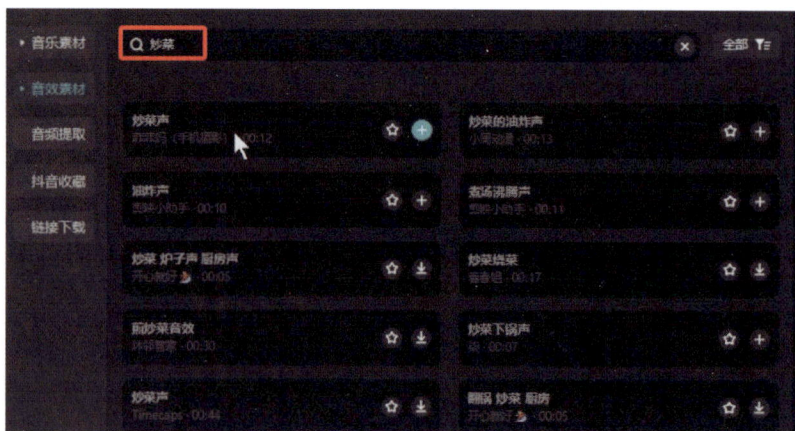

图 6-47 搜索栏搜索想要的音效素材

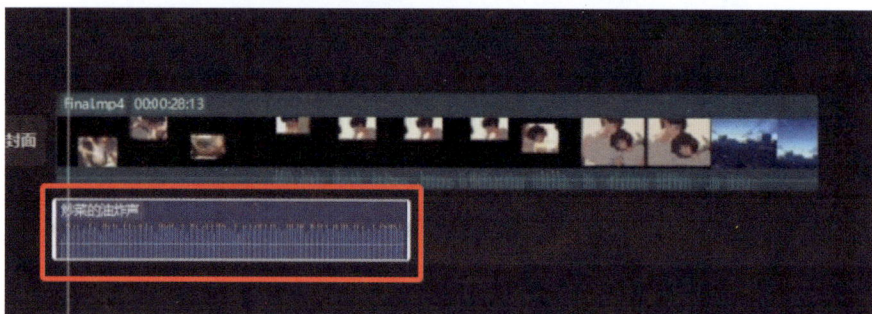

图 6-48 将合适的音频拖到时间轴上

如果觉得音频太长，可以使用时间轴上面的裁剪工具进行裁剪或切割，如图6-49所示。

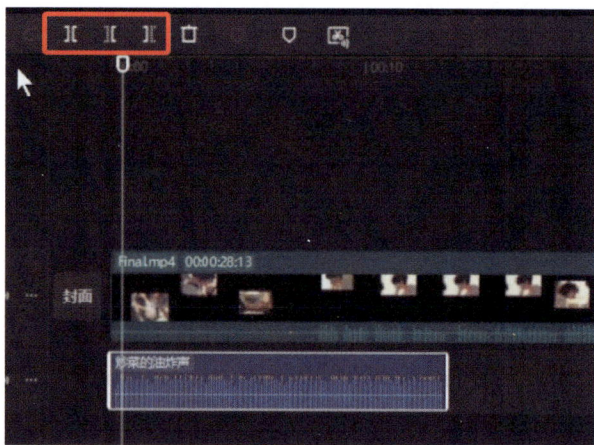

图 6-49 裁剪音频的工具

在选择背景音乐时，如果不知道具体的音乐名称也可以搜索"情绪"类的关键词，例如"欢快""温馨""浪漫"等，这样也能搜索到比较合适的背景音乐。

添加完所有的音效和背景音乐之后，单击右上角的"导出"按钮，将视频导出。

6.9 本章小结

本章主要介绍如何使用AI文本工具、AI生图工具、Photoshop、After Effects、剪映专业版等制作一个动态漫画短视频。虽然涉及的工具较多，但每个工具的具体使用方法并不复杂。

比起Photoshop和After Effects，AI类的工具虽然更省事，但也有更多的不确定性，在生成时需要有耐心，用对话的方式慢慢调试。